农村小型水利工程典型设计图集

山塘、河坝、雨水集蓄工程

湖南省水利厅 组织编写

湖南省水利水电科学研究院 编写

中国水利水电出版社

www.waterpub.com.cn

·北京·

内 容 提 要

本分册为《农村小型水利工程典型设计图集》的山塘工程、河坝工程以及雨水集蓄工程等3个部分。着重阐述了湖南省农村小型水利工程中主要水源工程的设计基本理论、结构设计与主要施工工艺等基本知识。通过工程结构设计和施工方法等方面介绍了山塘工程、河坝工程以及雨水集蓄工程的典型设计方案。

本分册可作为从事农村小型水利工程设计、管理工作的相关单位及个人的参考用书。

图书在版编目（CIP）数据

山塘、河坝、雨水集蓄工程 / 湖南省水利水电科学
研究院编写. -- 北京 ：中国水利水电出版社，2021.10
（农村小型水利工程典型设计图集）
ISBN 978-7-5170-9916-1

Ⅰ．①山… Ⅱ．①湖… Ⅲ．①农村－降水－蓄水－水
利工程 Ⅳ．①TU991.34

中国版本图书馆CIP数据核字(2021)第182203号

书　名	农村小型水利工程典型设计图集 **山塘、河坝、雨水集蓄工程** SHANTANG　HEBA　YUSHUI JIXU GONGCHENG	
作　者	湖南省水利水电科学研究院　编写	
出版发行	中国水利水电出版社 （北京市海淀区玉渊潭南路1号D座　100038） 网址：www.waterpub.com.cn E-mail：sales@mwr.gov.cn 电话：（010）68545888（营销中心）	
经　售	北京科水图书销售有限公司 电话：（010）68545874、63202643 全国各地新华书店和相关出版物销售网点	
排　版	中国水利水电出版社微机排版中心	
印　刷	清淞永业（天津）印刷有限公司	
规　格	297mm×210mm　横16开　7.25印张　219千字	
版　次	2021年10月第1版　2021年10月第1次印刷	
印　数	0001—5000册	
定　价	**45.00元**	

为规范湖南省农村小型水利工程建设，提高工程设计、施工质量，推进农村小型水利工程建设规范化、标准化、生态化，充分发挥工程综合效益，湖南省水利厅组织编制了《农村小型水利工程典型设计图集》（以下简称《图集》）。

《图集》共包含4个分册：

——第1分册：**山塘、河坝、雨水集蓄工程**；

——第2分册：泵站工程；

——第3分册：节水灌溉工程（渠系及渠系建筑物工程、高效节水灌溉工程）；

——第4分册：农村河道工程。

《图集》由湖南省水利厅委托湖南省水利水电科学研究院编制。

《图集》主要供从事农村小型水利工程设计、施工和管理的工作人员使用。

《图集》仅供参考，具体设计、施工必须满足现行规程规范要求，设计、施工单位应结合工程实际参考使用《图集》，其使用《图集》不得免除设计责任。

各地在使用过程中如有意见和建议，请及时向湖南省水利厅农村水利水电处反映。

本分册为《图集》之《山塘、河坝、雨水集蓄工程》分册。

《图集》（《山塘、河坝、雨水集蓄工程》分册）主要参与人员：

审定：钟再群、杨诗君；

审查：曹希、陈志江、黎军锋、王平、朱健荣；

审核：李燕妮、伍佑伦、盛东、梁卫平、董洁平；

主要编制人员：罗国平、张杰、楚贝、刘思妍、罗超、邓仁贵、袁理、程灿、陈志、罗仕军、刘孝俊、李康勇、张勇、陈虹宇、李泰、周家俊、朱静思、姚仕伟、于洋、赵馀、徐义军、李忠润。

作者

2021年8月

目 录

第一部分 山塘工程

第一部分

山 塘 工 程

1 范围

1.1 《图集》所称的山塘工程是指在山丘、丘陵地区建有挡水、泄水建筑物，正常蓄水位高于下游地面高程，总容积在 10 万 m³ 以下的蓄水工程。

1.2 山塘工程包括挡水建筑物（大坝）、输水建筑物（放水卧管或放水闸、坝下涵管或隧洞或过坝虹吸管、消力井等）、泄洪建筑物（溢洪道）及其管理设施等。

1.3 本分册提出了山塘工程整修和加固改造的一般要求，适用于坝高 10m 以下的山塘工程的整修和加固改造。

1.4 坝基渗漏处理应进行专门设计。

2 《图集》主要引用的法律法规及规程规范

2.1 《图集》主要引用的法律法规

《中华人民共和国水法》

《中华人民共和国安全生产法》

《中华人民共和国环境保护法》

《中华人民共和国节约能源法》

《中华人民共和国消防法》

《中华人民共和国水土保持法》

《农田水利条例》（中华人民共和国国务院令第 669 号）

注：《图集》引用的法律法规，未注明日期的，其最新版本适用于《图集》。

2.2 《图集》主要引用的规程规范

SL56–2013　农村水利技术术语

SL 274—2020　碾压式土石坝设计规范

SL 252—2017　水利水电工程等级划分及洪水标准

GB 50010—2010（2015 版）　混凝土结构设计规范

SL 191—2008　水工混凝土结构设计规范

GB 50003—2011　砌体结构设计规范

SL 253—2018　溢洪道设计规范

SL 74—2019　水利水电工程钢闸门设计规范

SL 303—2017　水利水电工程施工组织设计规范

SL 223—2008　水利水电建设工程验收规程

GB 50203—2011　砌体结构工程施工质量验收规范

SL 73.1—2013　水利水电工程制图标准基础制图

GB/T 18229—2000　CAD 工程制图规则

注：《图集》引用的规程规范，凡是注日期的，仅所注日期的版本适用于《图集》；凡是未注日期的，其最新版本（包括所有的修改单）适用于《图集》。

3 术语和定义

3.1 水位、塘容

3.1.1 死水位

在正常运用情况下，允许山塘自流消落的最低水位。一般指山塘通过放水口自流放水能达到的最低水位。

3.1.2 正常蓄水位

在正常运行情况下所蓄到的最高水位，又称正常高水位。一般情况下该水位与溢洪道进口堰顶或闸门顶齐平（或略低于闸门顶高程）。

3.1.3 设计洪水位

山塘在设计洪水标准情况下，经调洪后坝前达到的最高水位。

3.1.4 校核洪水位

山塘在校核洪水标准情况下，经调洪后坝前达到的最高水位。

3.1.5 山塘塘容

山塘塘容是指校核洪水位时相应的山塘容积，是确定山塘工程等级的依据。

3.2 工程设计

3.2.1 重力式挡土墙

依靠墙身自重抵抗土体侧压力的挡土墙，它是我国目前常用的一种挡土墙。重力式挡土墙可用石砌或混凝土建成，一般都做成简单的梯形。

3.2.2 软土

一般指天然含水量大、压缩性高、承载能力低的一种软塑到流塑状态的黏性土。如淤泥、淤泥质土以及其他高压缩饱和黏性土、粉土等。软土是淤泥和淤泥质土等的总称。

3.2.3 膨胀土

富含亲水矿物并具有明显吸水膨胀与失水收缩特性的高塑性黏土。

3.2.4 沉降缝

为防止建筑物各部分由于地基不均匀沉降而引起结构破坏所设置的垂直缝。

3.2.5 伸缩缝

为防止建筑物构件由于气候温度变化（热胀、冷缩），使结构产生裂缝或破坏而在适当部位设置的构造缝。

3.2.6 均质土坝

坝体断面不分防渗体和坝壳，坝体由一种土料填筑的坝。

3.2.7 黏土心墙坝

在坝体中部用渗透系数小的黏性土料作为防渗体填筑而成的土石坝。

3.2.8 黏土斜墙坝

用斜筑于坝体上游坡的黏性土体填筑斜墙作为防渗体的土石坝。

3.2.9 截水槽

在坝（闸）基中沿轴线方向开挖沟槽并回填黏土或混凝土，截断地基强风化层或砂砾石透水层，以控制渗流，防止地基渗透变形的一种坝（闸）基防渗设施，又称截水齿墙。

3.2.10 排水棱体

在土坝坝趾处用砂、砾石（碎石）、块石堆筑而成的棱形排水体。

3.2.11 贴坡排水

在土坝坝趾处，紧贴下游坝坡表面，由砂卵石、块石堆砌，保护土坝下游边坡不受冲刷的坡面表层排水设施。

3.2.12 Y 型导渗沟

布置在下游坝坡与坝身垂直的 Y 型纵沟，沟内填筑粗砂、砾石（碎石）、块石等，用于防止土坝下游坝坡发生渗透破坏的排水设施。

3.2.13 铺膜防渗

在塘坝上游坝坡铺设防渗土工膜，用于阻止坝体渗漏的工程措施。防渗土工膜应采用 PE 材质复合防渗土工膜。

3.2.14 护坡

防止土石坝坝坡或堤防、渠道的边坡等受水流、雨水、风浪的冲刷侵蚀而修筑的坡面保护层。

3.2.15　生态袋护坡

在生态袋里面装土，用扎带或扎线包扎好，通过有顺序地放置形成的护坡。

3.2.16　溢洪道

从山塘向下游泄放超过山塘调蓄能力的洪水以保证工程安全的泄水建筑物。山塘的溢洪道一般由进口段（进水渠）、控制段（控制下泄流量的堰或闸）、泄槽（陡槽）、消力池和出水渠组成。

3.2.17　溢洪道进口段（进水渠）

将下泄水流从山塘引向溢洪道控制段的明渠，其作用是将水流平顺地引向溢流堰（闸）。

3.2.18　溢洪道控制段

位于进口段与陡槽间控制下泄流量的堰（闸）。

3.2.19　泄槽

溢洪道进口控制段与出口消力池段之间的急流泄水道，又称陡槽。

3.2.20　消力池

位于泄槽末端，通过水跃，将下泄水流由急流转变为缓流，消除水流动能的消能防冲设施。

3.2.21　出水渠

引导消能后的下泄水流平顺排入下游河道的泄水渠道。

3.2.22　坝下涵管

埋设于坝下的输水管道。

3.2.23　卧管

斜置于土石坝上游一侧山塘岸坡，能在山塘水位变动范围内引取表层水的管式取水设施。

3.2.24　消力井

位于坝下输水涵管进口处，利用井中水垫消减水流动能，进行涵管首部消能的设施，又称消能水箱。

3.2.25　截水环

凸出于坝下涵管外壁，防止坝下涵管外壁与坝体填土之间产生沿管壁接触渗流的环形结构。通常由现浇混凝土构筑。

3.2.26　钢筋混凝土承插管

接口连接方式采用承插式连接的预制钢筋混凝土管。

3.2.27　虹吸管

使液体产生虹吸现象所用的弯管，呈倒 U 形，使用时管内要预先充满液体。可用于低坝过坝取水。

4　一般要求

4.1　工程等级划分

山塘的工程等别、工程规模及建筑物级别按表1进行划分。

表1　　　　　　山塘工程等级划分标准

工程等别	建筑物级别	塘容 / 万 m³	坝高 /m
V	5	≤ 10	≤ 10

4.2　防洪标准

山塘土石坝建筑物的防洪标准应符合表2的要求。

表2　　　　　山塘土石坝建筑物的防洪标准

水工建筑物级别	洪水标准 /［重现期（年）］	
	设计	校核
5	10	20

4.3　混凝土结构耐久性要求

4.3.1　素混凝土强度等级为 C25，钢筋混凝土强度等级不低于 C25。水灰比不大于 0.6。

4.3.2 混凝土抗渗等级为 W2。

4.4 塘坝

4.4.1 筑坝材料选择

1. 下列几种黏性土不宜作为坝的防渗体填筑料：

（1）塑性指数大于 20% 和液限大于 40% 的冲积黏土。

（2）膨胀土。

（3）开挖、压实困难的干硬黏土。

（4）冻土。

（5）分散性黏土。

2. 防渗土料应满足下列要求：

（1）渗透系数，均质坝不大于 1×10^{-4}cm/s，心墙和斜墙坝不大于 1×10^{-5}cm/s。

（2）水溶盐含量（指易溶盐和中溶盐，按质量计）不大于 3%。

（3）有机质含量（按质量计），均质坝不大于 5%，心墙和斜墙坝不大于 2%。

（4）有较好的塑性和渗透稳定性。

（5）浸水与失水时体积变化小。

3. 在塘坝上游坝坡采用铺膜防渗时，防渗土工膜应采用 PE 材质两布一膜复合防渗土工膜。

4.4.2 填筑要求

1. 黏性土的压实度应不小于 91%。

2. 砂砾石和砂的填筑标准应以相对密度为设计控制指标，并应符合下列要求：

（1）砂砾石的相对密度不应低于 0.65，砂的相对密度不应低于 0.7，反滤料宜为 0.7。

（2）砂砾石中粗粒料含量小于 50% 时，应保证细料（小于 5mm 的颗粒）的相对密度也符合上述要求。

（3）地震区的相对密度设计标准应符合 GB 51247—2018《水工建筑物抗震设计标准》的规定。

4.4.3 坝体结构

1. 坝坡

上、下游坝坡坡比（多级坝坡指平均坡比）不小于表 3 要求。

表3　　　　　　　　山塘土石坝坝坡要求

边坡类型	坝坡坡比		
	坝高 /m	上游坝坡	下游坝坡
土质边坡	5 ~ 10	1：2.00	1：1.75
	< 5	1：1.75	1：1.50

2. 坝顶宽度

（1）坝高小于 5m 的土石坝，若无交通要求，坝顶宽度不小于 2.0m；若有交通要求，坝顶宽度不小于 3.0m。

（2）坝高为 5 ~ 10m 的土石坝，坝顶宽度不小于 3.0m。

3. 坝顶高程

（1）坝顶高程不低于山塘设计洪水位与坝顶超高之和，也不得低于校核洪水位与波浪爬高之和。

（2）山塘坝顶超高计算可适当简化，可按下式计算：

$$Y = R_\mathrm{p} + A \tag{1}$$

式中　Y——坝顶超高，m；

　　　R_p——波浪爬高，按 0.5m 取值；

　　　A——安全加高，m，按表 4 采用。

表4　　　　　　　　山塘土石坝坝坡要求

建筑物类型	建筑物级别	安全加高 /m
土石坝	5	0.5

4. 坝体（坡）防渗（护坡）结构

（1）坝体（坡）上游防渗（护坡）结构顶部高程应不低于山塘正常蓄水位与其结构超高之和。其结构超高按表5取值。

表5　　　　　　　山塘土石坝防渗体顶部结构安全超高值

结构形式	防渗体顶部结构安全超高 /m
上游坡黏土斜墙、混凝土护砌、土工膜铺盖等	0.8
心墙	0.6

（2）黏土斜墙和心墙防渗体自上而下逐渐加厚，其顶部的水平宽度不宜小于1.5m。

5. 坝坡面护坡

（1）上游坝坡护坡可在下列形式中选择：

1）现浇混凝土护坡。

2）预制混凝土六棱块护坡。

3）干砌石护坡。

4）生态袋护坡。

（2）下游坝坡若需护坡，可在下列形式中选择：

1）草皮护坡。

2）混凝土框格草皮护坡。

（3）护坡体的覆盖范围应按下列要求确定：

1）上游坝坡护坡体顶部高程为山塘正常蓄水位与其结构超高之和，其超高按表5取值；护坡体下部至死水位。

2）下游面可由坝顶护至排水体顶部，无排水体时应护至坝脚。

4.4.4　结构安全

1. 土石坝外观要求

坝顶平整，排水良好；坝坡平整，无明显变形，坝面无高秆杂草、无杂树灌木；坝趾区无明显隆起、崩垮变形现象。

2. 土石坝坝坡抗滑稳定计算工况

应分别计算土石坝施工、建成、蓄水和山塘水位降落的各个时期不同荷载下的稳定性。控制稳定的有施工期（包括竣工时）、稳定渗流期、山塘水位降落期和正常运用遇到地震4种工况，应做坝坡抗滑稳定安全计算的内容如下：

（1）施工期的上、下游坝坡。

（2）稳定渗流期的上、下游坝坡。

（3）山塘水位骤降期的上游坝坡。

（4）正常运用遇地震的上、下游坝坡。

3. 坝坡抗滑稳定

各工况正常和非常运用条件的区分按 SL 274—2020《碾压式土石坝设计规范》的 1.0.6 规定执行。

（1）正常运用条件。

1）山塘水位处于正常蓄水位和设计洪水位与死水位之间的各种水位的稳定渗流期。

2）山塘水位在上述范围内经常性的正常降落。

（2）非正常运用条件Ⅰ。

1）施工期。

2）校核洪水位有可能形成稳定渗流的情况。

3）山塘水位的非常降落，如自校核洪水位降落至死水位以下，以及大流量快速泄空等。

（3）非正常运用条件Ⅱ。

正常运用条件遇地震。

各种工况下，上、下游坝坡抗滑稳定最小允许安全系数应满足表6的要求。

表6

表6　　　　　　　**坝坡抗滑稳定最小安全系数**

运用条件	最小安全系数
正常运用	1.25
非常运用条件Ⅰ	1.15
非常运用条件Ⅱ	1.10

4. 白蚁危害地区应结合综合整治进行白蚁防治。

4.4.5　渗流稳定计算

山塘的塘坝渗流稳定计算可适当简化，宜选取典型塘坝进行渗流计算，以确保渗流稳定。

1. 渗流计算应包括下列水位组合情况：

（1）上游正常蓄水位与下游相应的最低水位。

（2）上游设计洪水位与下游相应的水位。

（3）山塘水位降落时上游坝坡稳定最不利的情况。

2. 渗流稳定计算应包括下列内容：

（1）确定坝体浸润线及其下游出逸点的位置，绘制坝体及坝基内的等势线分布图或流网图。

（2）确定坝体与坝基的渗流量。

（3）判明坝体和坝基土体的渗透稳定。

（4）判明坝下游渗流出逸段的渗透稳定。

4.5　溢洪道

溢洪道边墙结构可采用浆砌石或混凝土，其结构尺寸必须满足稳定要求。溢洪道底板衬砌材料宜用 C25 现浇混凝土，其衬砌厚度不低于 20cm。当其位于基岩时一般可不予衬砌。

4.5.1　进口段

进口段的布置应遵循下列原则：

（1）应选择有利的地形、地质条件，以使水流平顺流入控制段。

（2）进口段体型布置宜简单，其底板宜为平底或较缓的反坡。位于完整基岩上的进口段渠底可不衬砌；但位于土基上或岩性差的基岩时，应进行衬砌。

（3）进口段的直立式导墙的平面弧线曲率半径不宜小于 2 倍渠道底宽；导墙顺水流方向的长度宜大于堰前水深的 2 倍，墙顶高程应高于泄洪时塘内最高水位。

4.5.2　控制段

1. 控制段堰（闸）轴线的选定，应满足下列要求：

（1）统筹考虑进口段、泄槽、消能工及出水渠的总体布置要求。

（2）满足建筑物对地基的强度、稳定性、抗渗性及耐久性的要求。

（3）便于对外交通和两侧建筑物的布置。

（4）当堰（闸）靠近坝肩时，应与塘坝布置协调一致。

2. 堰型可选用开敞式的实用堰或宽顶堰。

3. 控制段的岸墙顶部高程应不低于山塘设计洪水位与安全超高之和。当溢洪道紧靠坝肩时，控制段的顶部高程应与塘坝坝顶高程协调一致。其安全超高按表7采用。

表7　　　　　　　**控制段岸墙安全超高下限值**

运用工况	安全超高下限值 /m
泄洪	0.3

4.5.3　泄槽

1. 应根据地形、地质条件及水力条件等合理确定泄槽纵坡和平面布置，泄槽纵轴线布置宜顺直；泄槽横断面宜采用矩形断面。

2. 当必须设置泄槽弯道时，弯道宜设置在底坡较缓、水流比较平顺且无变化的部位，并应满足下列要求：

（1）横断面内流速分布均匀。

（2）在直线段和弯段之间，可设置缓和过渡段。

（3）为降低边墙高度和调整水流,宜在弯道及缓和过渡段槽底板设置横向坡。

（4）矩形断面弯道的弯道半径宜采用 6 ~ 10 倍泄槽宽度。

4.5.4 消能工

1. 溢洪道消能防冲建筑物的设计防洪标准：5 级建筑物按 10 年一遇洪水设计。

2. 山塘的消能型式宜采用底流消能。挑流消能型式采用较少，其仅适用于消能防冲工程区为岩基且地质条件良好的情况。

4.5.5 出水渠

1. 当溢洪道下泄水流经消能后不能直接泄入河道且可能对消能工安全运行造成危害时，应设置适当长度的出水渠；

2. 选择出水渠线路时，其轴线方向应顺应下游河势，防止折冲水流对河岸产生危害性的冲刷。

4.6 卧管、涵管

4.6.1 卧管

山塘坝下涵管采用卧管取水时，卧管应坐落在岩基或密实的原状土地基上，其轴线宜与坝下涵管轴线正交或斜交。严禁将卧管布置在坝体上游坝坡回填土体上，以防止回填土的不均匀沉陷导致卧管及卧管与消力井结合处的结构破坏。

4.6.2 坝下涵管

1. 坝下涵管应坐落在岩基或满足地基承载能力的原状土基上。当涵管的基础为软土地基时，应采用黏土加夯块石置换管座地基，置换地基厚度为管座底宽的 1/2 ~ 1 倍。

2. 管道应设置管座，在坝体土体中应加做涵衣和截水环。

3. 在防渗体范围内的管道，管壁与山坡岩壁之间空隙采用塑性混凝土或水泥土回填。

4.7 管理设施

4.7.1 上坝道路

塘容 1 万 m³ 以上且其下游影响居民居住区、重要矿区、铁路、公路等重要设施的骨干山塘，宜设有简易上坝道路，以提供山塘应急抢护时必要的交通条件。

4.7.2 工程观测

应设置山塘水位标尺和溢流堰顶水位标尺。

4.7.3 管护用房

对重要的骨干山塘，为方便巡查及管理，可设置管理房。

4.7.4 山塘名称文字

对重要的骨干山塘，可在塘坝下游坝坡设置山塘名称文字。

4.7.5 标示碑

在山塘坝顶左端、右端或其他适当位置布置标示碑，标示碑正面为项目名称，背面为项目简介（含主要特征参数）。

4.7.6 坝顶栏杆

有行人通行要求或附近人口集中的山塘，应在坝顶临水侧设置栏杆，栏杆高度 1.2m，采用 C25 混凝土栏杆。

4.8 工程环境

4.8.1 位于村庄或交通要道附近的山塘，应结合整治工程进行生态环境建设，对塘内岸坡崩塌进行削坡加固植草等生态措施和工程措施，美化塘周边环境，防止水土流失，使工程设施与周边环境相协调。

4.8.2 山塘综合整治应划定山塘的水域保护范围。作为饮用水水源的山塘，应采取水源保护措施，防止水源污染。

4.9 施工注意事项

4.9.1 土方工程

1. 土方开挖

（1）土方开挖前应先进行植被清理和表土清除，按施工图纸的要求开挖并设置截水沟。

（2）开挖过程中做好临时性地面排水设施，并采取措施确保边坡安全。如出现裂缝和滑动迹象时，立即暂停施工，同时采取应急抢救措施确保安全。

（3）实际施工中，边坡坡度应适当留有修坡裕量，以满足人工整坡时的坡面坡度和平整度要求。

2.土方回填

（1）土方回填铺土宽度应超出设计边线两侧一定裕量。

（2）作业面应统一铺料，统一碾压，不得出现界沟。

（3）土方回填时应严格按设计标准作业，压实至规定密实度并预留考虑土体沉陷影响的超高填筑量。

4.9.2 混凝土工程

1.袋装水泥运到工地后，应立即存放在干燥、通风良好的水泥仓库内，堆放高度不得超过15袋,应避免受潮。使用时袋装水泥的出厂日期不得超过3个月。

2.混凝土粗、细骨料应为质地坚硬、颗粒洁净、粒型和级配良好的天然砂石料。

3.新老混凝土结合面必须凿毛并充分清洗。浇筑混凝土前应清除干净施工缝表面上所有的积水。施工缝的表面在覆盖新鲜混凝土或砂浆前，应将表面的杂物清理干净，包括除去所有的乳浆皮、疏松或有缺陷的混凝土、涂层、砂、养护物以及其他杂质并保持表面潮湿。

4.现浇混凝土浇筑完毕后应及时收面，混凝土表面应密实、平整，且无石子外露。混凝土预制构件安装砌筑应平整、稳固，砂浆应饱满、捣实，压平、抹光。

5.在低温季节施工时，混凝土浇筑后应用麻袋或草袋覆盖保温防冻。

4.9.3 砌体工程

1.石砌体宜分层卧砌，并应上下错缝、内外搭接，填浆应饱满密实，防止铺浆遗漏或插捣不严。不得采用外面侧立石块、中间填心的砌筑方法。

2.在转角处或交接处应同时砌筑，若不能同时砌筑时，应留斜槎。

3.砌筑灰缝厚度宜为 20～30mm，砂浆应饱满、捣实，压平、抹光。

4.9.4 预制混凝土管施工

1.预制混凝土管应有生产许可证。成品管的强度、抗裂、抗渗等性能应符合设计规定。

2.外观质量应符合下列要求：

（1）节端应平整，并应与其轴线垂直（斜交管的外端面应按斜交角规定处理）；

（2）内、外管壁平直圆滑，不得有裂缝、蜂窝、露石、露筋等缺陷，承口、插口工作面应光洁平整。

3.管子运输装卸过程中应轻装轻放，并应采取防振动、碰撞、滑移的措施，避免产生裂纹或损伤。

4.9.5 安全文明施工

1.在施工时应加强安全措施，按有关规定设立各种安全标志牌、警告牌、照明装置等，各种棚架、构筑物和机械设备应有对应安全措施。

2.现场文明施工，材料、机具的堆放，力求整齐合理，场内无污水、积水。严禁向河里排放施工垃圾。

5 图集代号一览表

序号	名　称	代号
1	山塘	ST
2	山塘土石坝	TSB
3	塘坝坡比	BPB
4	上游坝坡	SYP
5	下游坝坡	XYP
6	坝体排水	BPS
7	坝顶	BD
8	库盆防渗	KFS
9	塘坝辅助设施	FZSS
10	山塘溢洪道	YHD
11	溢洪道进口段	YJK
12	溢洪道控制段	YKZ
13	溢洪道泄槽	YXC
14	溢洪道消能设施	YXN
15	山塘坝下涵管	HG
16	坝下涵管封堵	HFD
17	山塘管理设施	GLSS

典型山塘平面布置示意图
1：500

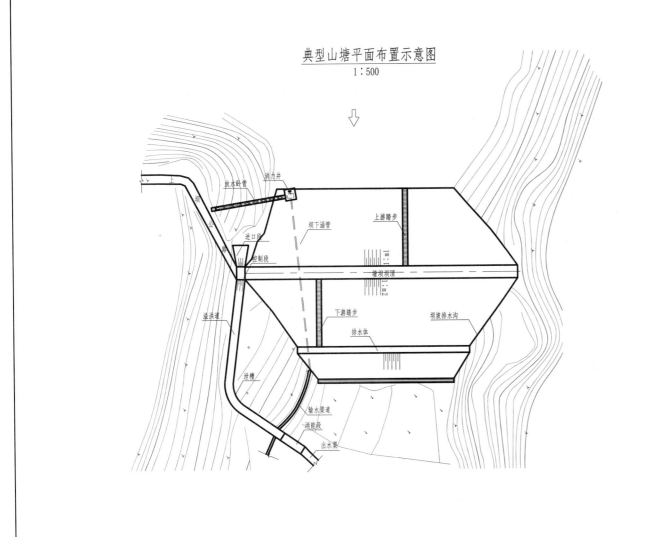

说明：
1. 山塘特指在山区、丘陵地区建有挡水、泄水、输水建筑物，正常蓄水位高于下游地面高程，总容积在10万㎡以下的蓄水工程。
2. 此图为典型已建山塘现状平面布置图，包括塘坝（有的山塘有主、副坝）、输水涵卧管、溢洪道3部分。
3. 塘坝坝体包括坝顶、上下游坝坡、排水体、坝坡排水沟、马道、踏步、防畜板等。
4. 输水涵卧管包括坝下涵管、消力井、放水卧管等。
5. 溢洪道包括进口段、控制段、泄槽段、消能段、出水渠等。
6. 本图的适用范围为坝高不超过10m的已建山塘除险加固，平面图为典型已建山塘现状平面布置示意图，仅做参考。

湖南省农村小型水利工程典型设计图集	山塘工程分册
图名　典型山塘平面布置示意图	图号 ST-01

坝顶及坝坡(BPB01)
1:200

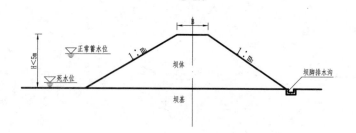

山塘土石坝坝坡、坝顶宽度一般规定

边坡类型	坝高H（m）	上游坡比（1：m₁）	下游坡比（1：m₂）	坝顶宽度B（m）
土质边坡	5~10	1：2.0	1：1.75	≥3
	<5	1：1.75	1：1.5	B（详见备注）

注：上、下游坝坡坡比（多级坝坡指平均坡比）不小于上表要求。
　　对于坝高小于5m的土石坝：若无交通要求B≥2.0m；若有交通
　　要求B≥3m。对于坝高在5~10m的土石坝B≥3m

坝顶及坝坡(BPB02)
1:200

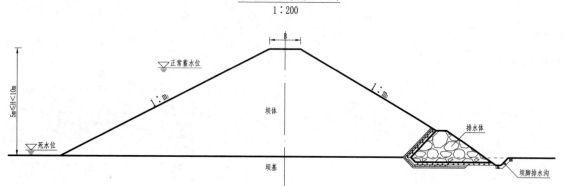

说明：
1.山塘上、下游坝坡坡比不满足上述要求时，应采
用削坡培厚的方法进行处理。

湖南省农村小型水利工程典型设计图集　山塘工程分册

| 图名 | 塘坝整治坝顶及坝坡一般规定 | 图号 | ST-02 |

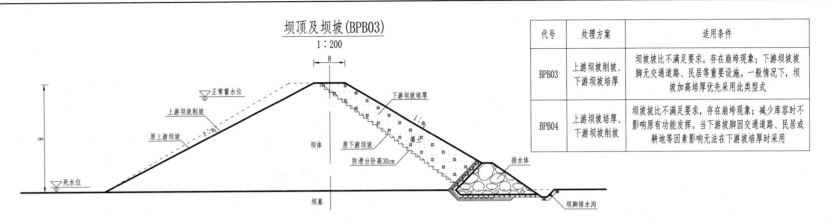

坝顶及坝坡(BPB03)
1:200

正常蓄水位
上游坝坡削坡
原上游坝坡
死水位
H
坝体
B
下游坝坡培厚
填土
1:m
原下游坝坡
防滑台阶高30cm
排水体
坝基
坝脚排水沟

代号	处理方案	适用条件
BPB03	上游坝坡削坡、下游坝坡培厚	坝坡坡比不满足要求,存在崩垮现象;下游坝坡坡脚无交通道路、民居等重要设施。一般情况下,坝坡加高培厚优先采用此类型式
BPB04	上游坝坡培厚、下游坝坡削坡	坝坡坡比不满足要求,存在崩垮现象;减少库容不影响原有功能发挥。当下游坡脚因交通道路、民居或耕地等因素影响无法在下游坝坡培厚时采用

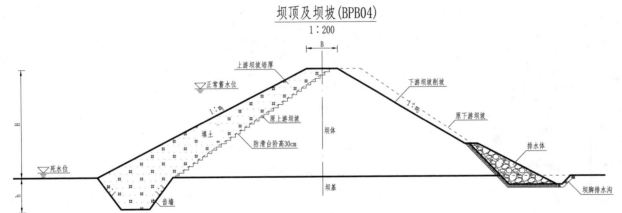

坝顶及坝坡(BPB04)
1:200

正常蓄水位
上游坝坡培厚
B
下游坝坡削坡
1:m
填土
原上游坝坡
1:m
原下游坝坡
死水位
H
坝体
防滑台阶高30cm
排水体
h
齿墙
坝基
坝脚排水沟

说明:
1. 图中高程以m计,其余尺寸以mm计。
2. 齿墙深度至强风化岩石面或黏土层,h根据实际情况确定。
3. 上游坝坡培厚施工工艺:①坝坡培厚前,先清除坝面草皮、树根等杂物,清除厚度30cm;②原坝坡开挖时,应开挖0.3m高的防滑阶梯,然后填土夯实,自下而上分层填土夯实,每层厚度不大于30cm,压实度不小于91%;③上游坝坡培厚的土料,其渗透系数小于原上游坝坡土料的渗透系数;④上游坝坡培厚体同时做黏土斜墙使用时,填筑土料应满足黏土斜墙相关要求;最小填筑土体厚度为0.3m;⑤黏土斜墙填筑土料指标见说明4.4.1或本图册ST-06。
4. 下游坝坡培厚施工工艺:①坝坡培厚前,先清除坝面草皮、树根等杂物,清除厚度30cm;②原坝坡开挖时,应开挖0.3m高的防滑阶梯,然后填土夯实,自下而上分层填土夯实,每层厚度不大于30cm,压实度不小于91%;③下游坝坡培厚的土料,其渗透系数大于原下游坝坡土料的渗透系数。
5. 填筑黏性土土料指标中黏粒含量不应小于30%,有机质含量小于3%,不允许出现钙质结合、树根、草根等。
6. 其他未尽事宜参照相关规范执行。

土方回填施工要求
1. 夯实前首先清除基面的树根、淤泥、腐质土、垃圾及隐藏的暗管砖石等。
2. 回填夯实采用分层夯实的方法,每层铺土厚度≤30cm,铺土要均匀平整;若土壤比较干燥应采用洒水的方法调节土壤含水量,若土壤含水量较大应采用排水、晾晒、换土等方法以使含水量控制在适宜范围之内。夯实机械为蛙式打夯机或其他能达到相同质量要求的机械,不得使用立柱石夯。分层夯实遍数不得少于4遍,应杜绝漏夯、虚土层、橡皮土等不符合质量要求的现象。夯实后土压实度应不小于0.91。

上游坝坡防渗护坡设计图(SYP01)
1:200

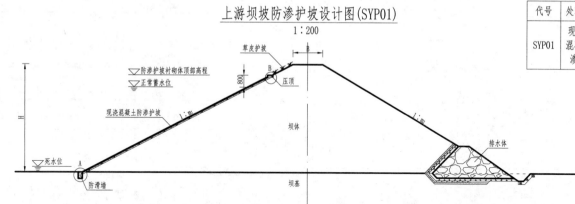

代号	处理方案	适用条件
SYP01	现浇C25混凝土防渗护坡	上游坝坡在整坡处理时以削坡为主，新回填土体量很少，基本上为原坝体的原状回填土体。待处理坝体有无防渗要求，均可采用

现浇C20混凝土厚度选用表

序号	坝高H（m）	现浇C20混凝土厚度 δ（cm）
1	5～10	10
2	<5	8～10

详图A
1:20

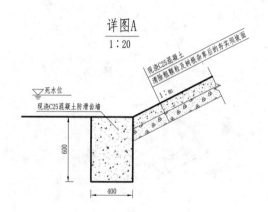

详图B
1:20

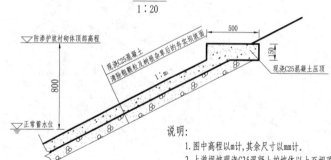

混凝土面板施工要求

1.现浇混凝土的配合比应满足强度、抗冻、抗渗及和易性要求。水灰比的最大允许值为0.6，混凝土的塌落度控制在2～4cm。低温季节或基础面较湿润时，塌落度可适当减小；高温季节或渠床面较干燥时，宜适当增大。

2.铺砌后清理干净接缝，用1:2的水泥砂浆勾缝，勾缝应用砂浆填满、压平、抹光，保证水泥浆的密实度和平整度。各种接口用1:2水泥砂浆进行抹面，表面压光。

3.在勾缝抹面完成后，在基面表面覆盖湿稻草进行养护，养护过程中应及时洒水，保持砂浆表面处于湿润状态。

伸缩缝大样图
1:5

说明：
1.图中高程以m计，其余尺寸以mm计。

2.上游坝坡现浇C25混凝土护坡体以上至坝顶采用草皮护坡。

3.根据混凝土结构耐久性要求，素混凝土强度等级为C25，钢筋混凝土强度等级不低于C25，水灰比不大于0.6，抗渗等级为W2。

4.上游坡混凝土护坡施工工艺：①护坡施工前应彻底清除原坡上的杂草、树根等杂物，并对坝坡进行整平；②混凝土拌制一般选用400L强制式砂浆搅拌机，胶轮车及溜槽入仓；③混凝土浇筑一般采用人工入仓，机械振捣密实；④混凝土护坡每5m设伸缩缝一道，缝宽2cm，沥青杉板嵌缝止水；⑤坝脚混凝土防滑齿墙、坝面混凝土压顶每5m设伸缩缝一道，缝宽2cm，内嵌沥青杉板止水。

5.护坡混凝土表层配φ6@300×300构造钢筋，防止面板开裂，钢筋保护层厚20mm。

6.其他未尽事宜参照相关规范执行。

湖南省农村小型水利工程典型设计图集	山塘工程分册	
图名	上游坝坡现浇混凝土防渗护坡设计图	图号 ST-04

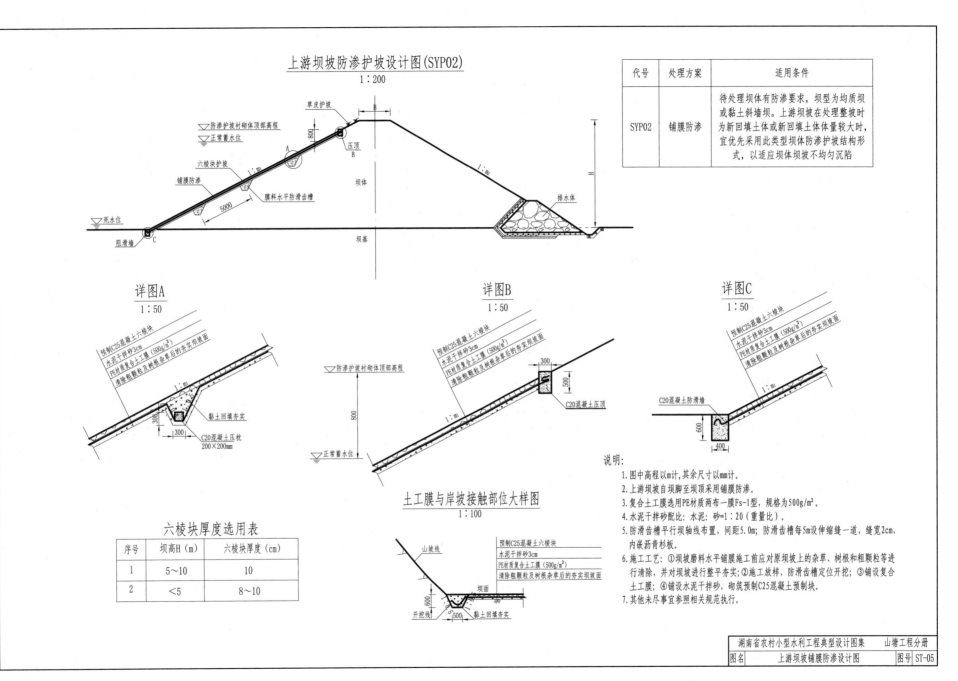

上游坝坡防渗护坡设计图(SYP02)
1:200

代号	处理方案	适用条件
SYP02	铺膜防渗	待处理坝体有防渗要求,坝型为均质坝或黏土斜墙坝。上游坝坡在处理整坡时为新回填土体或新回填土体体量较大时,宜优先采用此类型坝体防渗护坡结构形式,以适应坝体坝坡不均匀沉陷

详图A
1:50

详图B
1:50

详图C
1:50

土工膜与岸坡接触部位大样图
1:100

六棱块厚度选用表

序号	坝高H(m)	六棱块厚度(cm)
1	5~10	10
2	<5	8~10

说明:
1. 图中高程以m计,其余尺寸以mm计。
2. 上游坝坡自坝脚至坝顶采用铺膜防渗。
3. 复合土工膜选用PE材质两布一膜Fs-1型,规格为500g/m²。
4. 水泥干拌砂配比:水泥:砂=1:20(重量比)。
5. 防滑齿槽平行坝轴线布置,间距5.0m;防滑齿槽每5m设伸缩缝一道,缝宽2cm,内嵌沥青杉板。
6. 施工工艺:①坝坡磨料水平铺膜施工前应对原坝坡上的杂草、树根和粗颗粒等进行清除,并对坝坡进行整平夯实;②施工放样,防滑齿槽定位开挖;③铺设复合土工膜;④铺设水泥干拌砂,砌筑预制C25混凝土预制块。
7. 其他未尽事宜参照相关规范执行。

复合土工膜铺设施工要求与流程

铺膜施工按GB/T 50290——2014《土工合成材料应用技术规范》进行，在铺膜前应对膜的质量进行检查，看是否合格，并作好施工组织方案，使整个铺膜工作一气呵成。

（一）施工预备

（1）复合土工膜材料质量检测

复合土工膜为两布一膜复合土工膜，使用前应对产品的各项技术指标进行检测，各项指标均应符合标准规定和设计要求。

（2）堤坡的清理、平整场地，清除一切尖角杂物，欠坡回填夯实、富坡削坡挖开后经监理验收合格，为复合土工膜铺设提供工作面。

（3）土工膜场内拼接

为了施工方便，保证拼接质量，复合土工膜应尽量采用宽幅，减少现场拼接量，施工前应根据复合土工膜幅宽、现场长度需要，在开阔场地剪裁，并拼接成符合要求尺寸的块体，卷在钢管上，人工搬运到工作面铺设。

（二）复合土工膜的铺设

（1）复合土工膜的铺设方法

复合土工膜铺设分塘底铺设、坡面铺设2个部分。铺设方法：沿轴线方向水平滚铺。坡面铺设在坡面验收合格后，从顺坡面轴线方向滚铺，与塘底的复合土工膜连接采用丁字形连接。

（2）复合土工膜的铺设技术要求

铺设应在干燥暖和天气进行，为了便于拼接，防止应力集中，复合土工膜铺设采用波浪形松驰方式，富余度约为1.5%，摊开后及时拉平，拉开，要求复合土工膜与坡面吻合平整，无突起褶皱，施工人员应穿平底布鞋或软胶鞋，严禁穿钉鞋，以免踩坏土工膜，施工时如发现土工膜损坏，应及时修补。

（三）复合土工膜的拼接

（1）两布一膜复合土工膜焊接采用热熔焊法施工，拼接包括土工布的缝接、土工膜的焊接，为了确保焊接质量，焊接应尽量在厂内进行，但为了施工方便，复合土工膜幅宽又不应太宽，必须在施工现场拼接。

（2）复合土工膜焊接质量的好坏是复合土工膜防渗性能成败的关键，所以应做好土工膜的焊接，确保焊接质量，因此，土工膜焊接应由生产厂家派专业技术人员到现场操作、指导、培训，采用土工膜专用焊接设备进行。土工膜焊接采用zpr——210v型热合土工膜焊接机，土工布采用手提式封包机缝接。

（3）焊接工艺：第一幅土工膜铺好后，将需焊接的边翻叠（约60cm宽），第二幅反向铺在第一幅膜上，调整两幅膜焊接边缘走向，使之搭接10cm。

（4）焊接前用电吹风吹去膜面上的砂子、泥土等脏物，保证膜面干净，在焊接部分的底下垫一条长木板，以便焊机在平整的基面上行走，保证焊接质量，正式焊接前，根据施工气温进行施焊，确定行走速度和施焊温度，一般把握行走速度1.5～2.5m/s，施焊温度为220～300℃。拼接焊缝两条，每条宽10mm，两条焊缝间留有10mm的空腔，用此空腔检查其焊缝质量。

（四）合土工膜的锚固

复合土工膜上部锚固采用嵌固足够长度复合土工膜，混凝土封顶板形式。

（五）垫层及混凝土护砌

复合土工膜的上面均匀铺设3cm水泥干拌砂，找平拍实后铺设C25混凝土预制块。坡面复合土工膜铺设合格后应及时铺上垫层压盖，防止风吹及复合土工膜暴晒老化，同时做好混凝土护砌，加强复合土工膜的保护。

（六）其他

铺膜时室外气温在5℃以上，风力在4级以下，并无雨、无雪的天气进行，不得将火种带入现场，不得穿钉鞋，高跟鞋及硬底鞋在膜上中踩踏。

湖南省农村小型水利工程典型设计图集		山塘工程分册
图名	复合土工膜铺设施工要求与流程	图号 ST-06

上游坝坡防渗护坡设计图(SYP03)
1:200

代号	处理方案	适用条件
SYP03	黏土斜墙防渗	待处理坝体有防渗要求；坝顶宽度不够,上游坝坡较陡;减少库容不影响原有功能发挥;附近黏土储量丰富

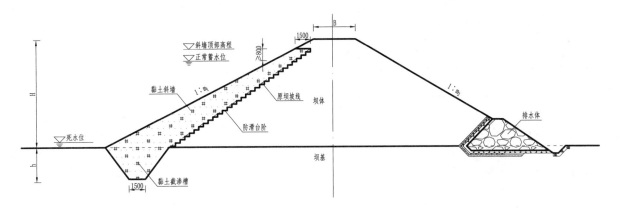

土方回填施工要求

1.夯实前首先清除基面的树根、淤泥、腐质土、垃圾及隐藏的暗管砖石等。

2.回填夯实采用分层夯实的方法,每层铺土厚度≤30cm,铺土要均匀平整;若土壤比较干燥应采用洒水的方法调节土壤含水量,若土壤含水量较大应采用排水、晾晒、换土等方法以使含水量控制在适宜范围之内。夯实机械为蛙式打夯机或其他能达到相同质量要求的机械,不得使用立柱石夯。分层夯实遍数不得少于4遍,应杜绝漏夯、虚土层、橡皮土等不符合质量要求的现象。夯实后土压实度应不小于0.91。

3.黏土斜墙填土施工要求:①回填土的土料渗透系数不大于1×10^{-5}cm/s; ② 摩擦角不小于20°;③有机质含量(按质量计)不大于2%;④水溶盐含量(指易溶盐和中溶盐,按质量计)不大于3%;⑤有较好的塑性和渗透稳定性;⑥浸水与失水时体积变化小;⑦填筑时每层铺土厚度不大于30cm,回填压实度应不小于91%(每层碾压4遍);⑧在冬季低气温下填筑时,土料在填筑过程中应处于非冻结状态。

说明:

1.图中高程以m计,其余尺寸以mm计。

2.本方案可与上游坝坡培厚结合进行,截渗槽齿墙深度应至弱风化岩石面或黏土层,h根据实际情况确定。

3.黏土斜墙施工工艺:①坝坡培厚前,先清除坝面草皮、树根等杂物,清除厚度30cm;②原坝坡开挖时,新老结合面应开挖0.3m高的防滑阶梯,然后填土夯实,自下而上分层填土夯实,每层厚度不大于30cm,压实度不小于91%;③上游坝坡培厚的土料,其渗透系数小于原上游坝坡土料的渗透系数;④填筑土料应满足黏土斜墙相关要求;最小填筑土体厚度为0.3m。

4.黏土斜墙施工完成后,同样应对坝坡进行护坡,护坡可参照《图集》进行。

5.其他未尽事宜参照相关规范执行。

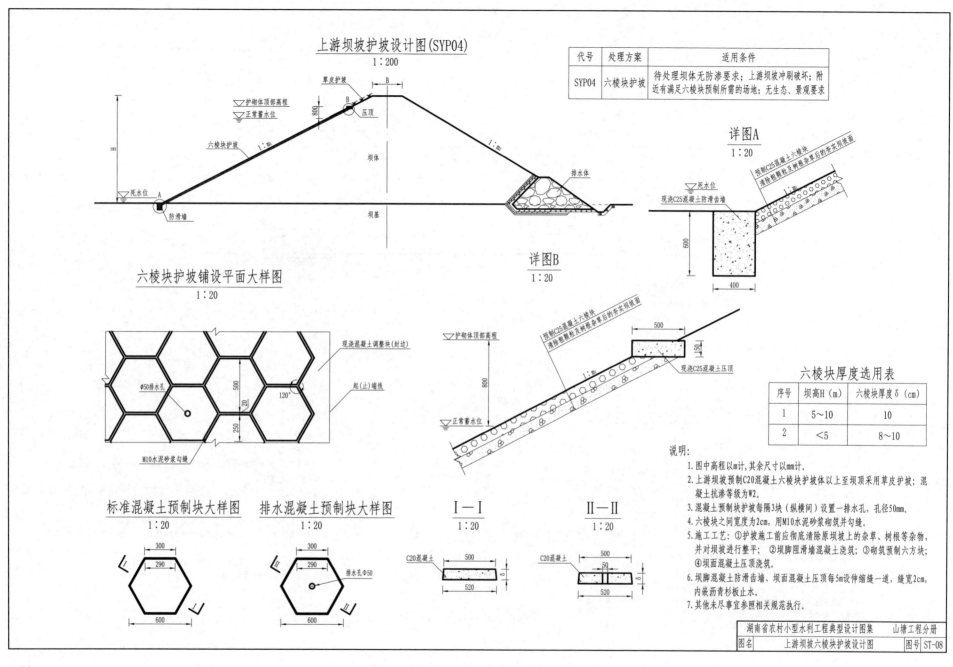

上游坝坡护坡设计图(SYP04)
1:200

代号	处理方案	适用条件
SYP04	六棱块护坡	待处理坝体无防渗要求；上游坝坡冲刷破坏；附近有满足六棱块预制所需的场地；无生态、景观要求

六棱块护坡铺设平面大样图
1:20

标准混凝土预制块大样图
1:20

排水混凝土预制块大样图
1:20

详图A
1:20

详图B
1:20

六棱块厚度选用表

序号	坝高H(m)	六棱块厚度δ(cm)
1	5～10	10
2	<5	8～10

I－I
1:20

II－II
1:20

说明:
1. 图中高程以m计,其余尺寸以mm计。
2. 上游坝坡预制C20混凝土六棱块护坡体以上至坝顶采用草皮护坡;混凝土抗渗等级为W2。
3. 混凝土预制块护坡每隔3块(纵横间)设置一排水孔,孔径50mm。
4. 六棱块之间宽度为2cm,用M10水泥砂浆砌筑并勾缝。
5. 施工工艺:①护坡施工前应彻底清除原坝坡上的杂草、树根等杂物,并对坝坡进行整平;②坝脚阻滑墙混凝土浇筑;③砌筑预制六方块;④坝面混凝土压顶浇筑。
6. 坝脚混凝土防滑齿墙、坝面混凝土压顶每5m设伸缩缝一道,缝宽2cm,内嵌沥青杉板止水。
7. 其他未尽事宜参照相关规范执行。

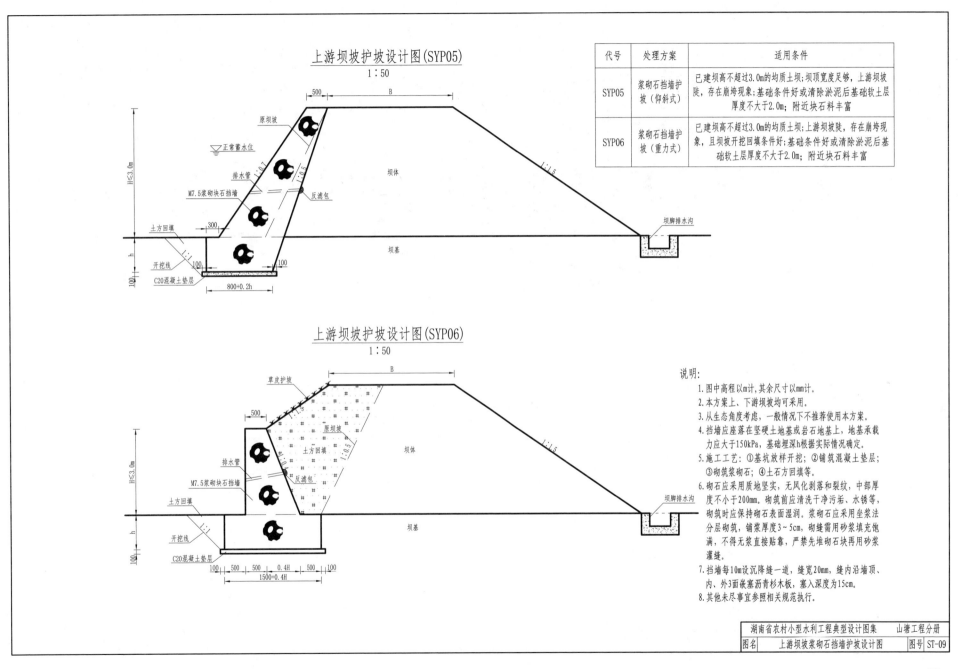

上游坝坡护坡设计图(SYP05)
1:50

代号	处理方案	适用条件
SYP05	浆砌石挡墙护坡(仰斜式)	已建坝高不超过3.0m的均质土坝;坝顶宽度足够,上游坝坡陡,存在崩垮现象;基础条件好或清除淤泥后基础软土层厚度不大于2.0m;附近块石料丰富
SYP06	浆砌石挡墙护坡(重力式)	已建坝高不超过3.0m的均质土坝;上游坝坡陡,存在崩垮现象,且坝坡开挖回填条件好;基础条件好或清除淤泥后基础软土层厚度不大于2.0m;附近块石料丰富

上游坝坡护坡设计图(SYP06)
1:50

说明:
1. 图中高程以m计,其余尺寸以mm计。
2. 本方案上、下游坝坡均可采用。
3. 从生态角度考虑,一般情况下不推荐使用本方案。
4. 挡墙应座落在坚硬土地基或岩石地基上,地基承载力应大于150kPa,基础埋深h根据实际情况确定。
5. 施工工艺: ①基坑放样开挖; ②铺筑混凝土垫层; ③砌筑浆砌石; ④土石方回填等。
6. 砌石应采用质地坚实,无风化剥落和裂纹,中部厚度不小于200mm,砌筑前应清洗干净污垢、水锈等,砌筑时应保持砌石表面湿润。浆砌石应采用坐浆法分层砌筑,铺浆厚度3~5cm,砌缝需用砂浆填充饱满,不得无浆直接贴靠,严禁先堆砌石块再用砂浆灌缝。
7. 挡墙每10m设沉降缝一道,缝宽20mm,缝内沿墙顶、内、外3面嵌塞沥青杉木板,塞入深度为15cm。
8. 其他未尽事宜参照相关规范执行。

	湖南省农村小型水利工程典型设计图集		山塘工程分册	
图名	上游坝坡浆砌石挡墙护坡设计图		图号	ST-09

浆砌石挡墙施工要求与流程

（一）施工程序

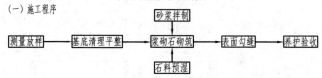

（二）材料要求

(1) 石料

①砌体石料必须质地坚硬、新鲜，不得有剥落层及裂纹。其基本物理力学指标应符合设计规定。

②石料表面的泥垢等杂质，砌筑前应清洗干净。

③石料的规格要求

块石：一般由成层岩石爆破而成或大块石料镶切而得，要求上下两面大致平整且平行，无尖角、薄边，块厚宜大于20cm。

(2) 胶结材料

①砌石体的胶结材料，主要有水泥砂浆和混凝土。水泥砂浆是由水泥、砂、水按一定的比例配合而成。用作砌石胶结材料的混凝土是由水泥、水、砂和最大粒径不超过40mm的骨料按一定的比例配合而成。

②水泥：应符合国家标准或部颁标准的规定，水泥标号不低于325号，水位变化区、溢流面和受水水流冲刷的部位，其水泥标号应不低于425号。

③水：拌和用的水必须符合国家标准规定。

④水泥砂浆的沉入度应控制在4～6cm，混凝土的坍落度应为5～8cm。

(3) 砌筑要求

①挡墙基础按设计要求开挖后，进行清理，并请工程师进行验收。

②已砌好的砌体，在抗压强度未达到设计强度前不得进行上层砌石的准备工作。

③砌石必须采用铺浆法砌筑，砌筑时，石块宜分层卧砌，上下错缝，内外搭砌。

④在铺砌前，将石料洒水湿润，使其表面充分吸收，但不得残留有积水。砌体外露面在砌筑后12～18h之内给予养护。继续砌筑前，将砌体表面浮渣清除，再行砌筑。

⑤砂浆砌石体在砌筑时，应做到大面朝下，适当摇动或敲击，使其稳定；严禁石块无浆贴靠，竖在填塞砂浆后用扁铁插捣至表面泛浆；同一砌筑层内，相邻石块应错缝砌筑，不得存在顺流向通缝，上下相邻砌筑的石块，也应错缝搭接，避免竖向通缝。必要时，可每隔一定距离立置丁石。

⑥雨天施工不得使用过湿的石块，以免细石混凝土或砂浆流淌，影响砌体的质量，并做好表面的保护工作。如没有做好防雨棚，降雨量大于5mm时，应停止砌筑作业。

（三）砌筑

(1) 砂浆必须要有试验配合比，强度须满足设计要求，且应有试块试验报告，试块应在砌筑现场随机制取。

(2) 砌筑前，应在砌体外将石料上的泥垢冲洗干净，砌筑时保持砌石表面湿润。

(3) 砌筑因故停顿，砂浆已超过初凝时间，应待砂浆强度达到设计强度后才可继续施工；在继续砌筑前，应将原砌体表面的浮渣清除；砌筑时应避免震动下层砌体。

(4) 勾缝砂浆标号应高于砌体砂浆；应按实有砌缝勾缝平整，严禁勾假缝、凸缝；勾缝密实，黏结牢固，墙面洁净。

(5) 砌石体应采用铺浆法砌筑，砂灰浆厚度应为20～50mm，当气温变化时，应适当调整。

(6) 采用浆砌法砌筑的砌石体转角处和交接处应同时砌筑，对不同时砌筑的面，必须留置临时间断处，并应砌成斜槎。

(7) 砌石体尺寸和位置的允许偏差，不应超过有关的规定。

(8) 砌筑基础的第一皮石块应坐浆，且将大面朝下。

（四）砌石表面勾缝

(1) 勾缝砂浆采用细砂，用较小的水灰比，采用425号水泥拌制砂浆。灰砂比应控制在1：1～1：2间。

(2) 清缝在料石砌筑24h后进行，缝宽不小于砌缝宽度，缝深不小于缝宽的2倍。

(3) 勾缝前必须将槽缝冲洗干净，不得残留灰渣和积水，并保持缝面湿润。

(4) 勾缝砂浆必须单独拌制，严禁与砌石体砂浆混用。

(5) 拌制好的砂浆向缝内分几次填充并用力压实，直到与表面平齐，然后抹光。砂浆初凝后砌体不得扰动。

(6) 勾缝表面与块石应自然接缝，力求美观、匀称，砌体表面溅上的砂浆要清除干净。

(7) 当勾缝完成和砂浆初凝后，砌体表面应刷洗干净，至少用浸湿物覆盖保持21d，在养护期间应经常洒水，使砌体保持湿润，避免碰撞和振动。

（五）养护

砌体外露面，在砌筑后12～18h之间应及时养护，经常保持外露面的湿润。养护时间：水泥砂浆砌体一般为14d，混凝土砌体为21d。

下游坝坡护坡设计图(XYP01)
1:200

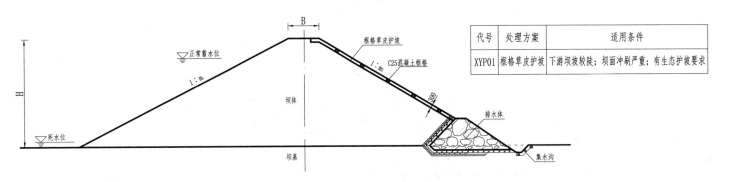

代号	处理方案	适用条件
XYP01	框格草皮护坡	下游坝坡较陡;坝面冲刷严重;有生态护坡要求

框格草皮护坡大样图
1:100

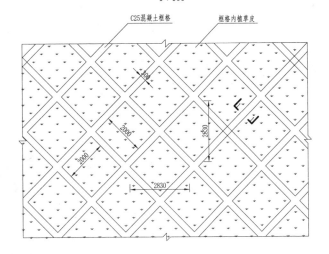

1—1剖面图
1:20

说明:
1. 图中高程以m计,其余尺寸以mm计。
2. 下游坝坡采用C25混凝土框格草皮护坡,框格净宽为2m,内植草皮。
3. 护坡施工工艺:①施工前应彻底清除原坝坡上的杂草、树根等杂物,并对坝坡进行整平;②施工放样,定位框格位置;③混凝土拌制一般选用400L强制式砂浆搅拌机,胶轮车及溜槽入仓;④混凝土浇筑一般采用人工入仓,机械振捣密实;⑤混凝土框格每5m设伸缩缝一道,缝宽2cm,沥青杉板嵌缝。
4. 草皮护坡施工顺序:坡面平整完成→验收合格→坡面平铺5cm厚的接根土(拌有有机肥的耕埴土)→铺设草皮,用竹签固定,铁锹稍微拍打→坡面适当洒水,草皮护坡要求种植后及时洒接根水,防止人为及草食动物破坏,保证草皮成活率在95%以上。
5. 其他未尽事宜参照相关规范执行。

下游坝坡护坡设计图(XYP02)
1:200

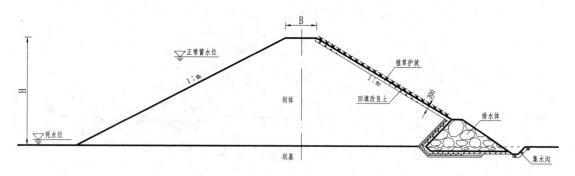

正常蓄水位

H

1:m

坝体

死水位

坝基

B

植草护坡

1:m

回填改良土

300

排水体

集水沟

草皮护坡大样图
1:100

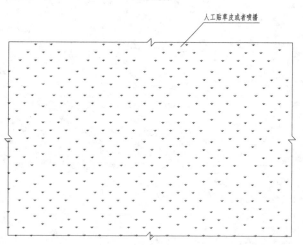

人工贴草皮或者喷播

代号	处理方案	适用条件
XYP01	植草护坡	下游坝坡有整坡及生态护坡要求

说明:
1. 图中高程以m计,其余尺寸以mm计。
2. 下游坝坡植草护坡,植草可以采用人工贴草皮或者喷播。
3. 草皮护坡施工顺序:坡面平整完成→验收合格→坡面平铺5cm厚
的接根土(拌有有机肥的耕垃土)→铺设草皮,用竹签固定,
铁锹稍微拍打→坡面适当洒水。草皮护坡要求种植后及时洒接
根水,防止人为及草食动物破坏,保证草皮成活率在95%以上。
4. 在雨季进行喷播植草施工,应用无纺布或其他材料覆盖。
5. 其他未尽事宜参照相关规范执行。

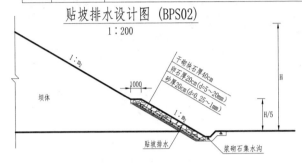

代号	处理方案	适用条件
BPS01	Y型导渗沟	下游坝脚存在散浸，但湿散范围不大；附近缺少石料等
BPS02	贴坡排水	下游坝脚存在散浸，但湿散范围不大；附近石料储量不够丰富
BPS03	排水棱体	主要适用于下游坝坡培厚放脚，附近块石料储量丰富的情况
BPS04	重压贴坡排水	下游坝脚湿陷范围不大，局部崩垮；附近块石料储量丰富等

Y型导渗沟排水设计图（BPS01）
1:200

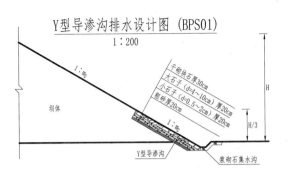

坝体
干砌块石厚30cm
大石子（d=4~10cm）厚20cm
小石子（d=0.5~2cm）厚20cm
粗砂厚20cm
Y型导渗沟
浆砌石集水沟
H
H/3

排水棱体设计图（BPS03）
1:200

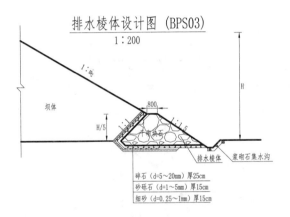

坝体
800
排水棱体
碎石（d=5~20cm）厚25cm
砂砾石（d=1~5mm）厚15cm
细砂（d=0.25~1mm）厚15cm
浆砌石集水沟
H
H/5

重压贴坡排水设计图（BPS04）
1:200

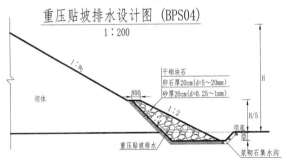

坝体
800
干砌块石
卵石厚20cm（d=5~20mm）
砂厚20cm（d=0.25~1mm）
重压贴坡排水
1:2
坝底
800
浆砌石集水沟
H
H/5

贴坡排水设计图（BPS02）
1:200

坝体
1000
干砌块石厚40cm
卵石厚20cm（d=5~20mm）
砂厚20cm（d=0.25~1mm）
贴坡排水
浆砌石集水沟
H
H/5

Y型导渗沟平面布置图
1:200

下游坝坡
500
3000 3000 3000
500
浆砌石集水沟

1—1剖面图
1:25

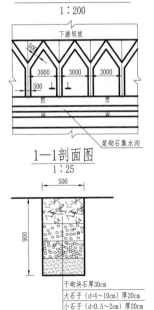

500
900
干砌块石厚30cm
大石子（d=4~10cm）厚20cm
小石子（d=0.5~2cm）厚20cm
粗砂厚20cm

说明:
1. 本图尺寸以mm计，高程以m计。
2. Y型导渗沟、贴坡排水高度一般按塘坝最大坝高的1/3确定，同时排水体顶部高程高于浸润线出逸点1.0m，高度不小于2.0m；且不建议在下游有水的情况下采用。
3. 排水棱体高度一般按塘坝最大坝高的1/5确定，同时排水体顶部高程高于浸润线出逸点1.0m，当下游有水时，顶高程应超出下游最高水位0.5m以上。
4. 排水棱体施工：排水棱体首先应开挖原坝脚，后按设计图纸放样，自低向高分层施工，石料采用新鲜的块石料，尽量使块石大小搭配，块石最大直径20cm，振动碾压实，保证密实度。新建排水棱体时，应分段施工，每段长度为5~20m，施工时应对开挖边坡作好临时支护，施工完成后再进行下一段施工。
5. 集水沟采用M7.5浆砌石结构，厚度30cm，每10m设一道伸缩缝。
6. 其他未尽事宜参照相关规范执行。

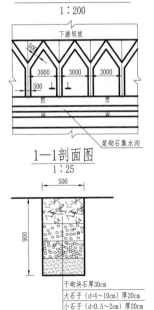

	湖南省农村小型水利工程典型设计图集	山塘工程分册	
图名	坝体排水设计图	图号	ST-13

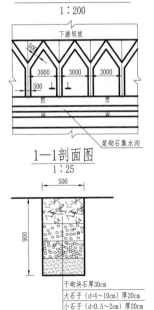

23

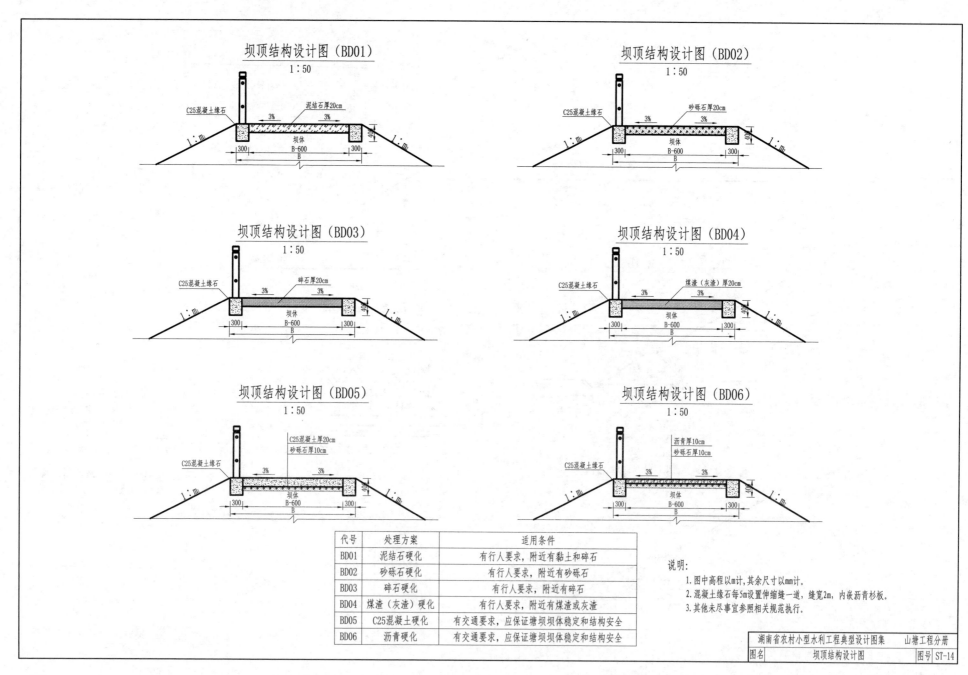

坝顶结构设计图（BD01）
1：50

坝顶结构设计图（BD02）
1：50

坝顶结构设计图（BD03）
1：50

坝顶结构设计图（BD04）
1：50

坝顶结构设计图（BD05）
1：50

坝顶结构设计图（BD06）
1：50

代号	处理方案	适用条件
BD01	泥结石硬化	有行人要求，附近有黏土和碎石
BD02	砂砾石硬化	有行人要求，附近有砂砾石
BD03	碎石硬化	有行人要求，附近有碎石
BD04	煤渣（灰渣）硬化	有行人要求，附近有煤渣或灰渣
BD05	C25混凝土硬化	有交通要求，应保证塘坝坝体稳定和结构安全
BD06	沥青硬化	有交通要求，应保证塘坝坝体稳定和结构安全

说明：
1. 图中高程以m计，其余尺寸以mm计。
2. 混凝土缘石每5m设置伸缩缝一道，缝宽2m，内嵌沥青杉板。
3. 其他未尽事宜参照相关规范执行。

湖南省农村小型水利工程典型设计图集		山塘工程分册
图名	坝顶结构设计图	图号 ST-14

落水洞封堵平面布置图（KFS01）
1：50

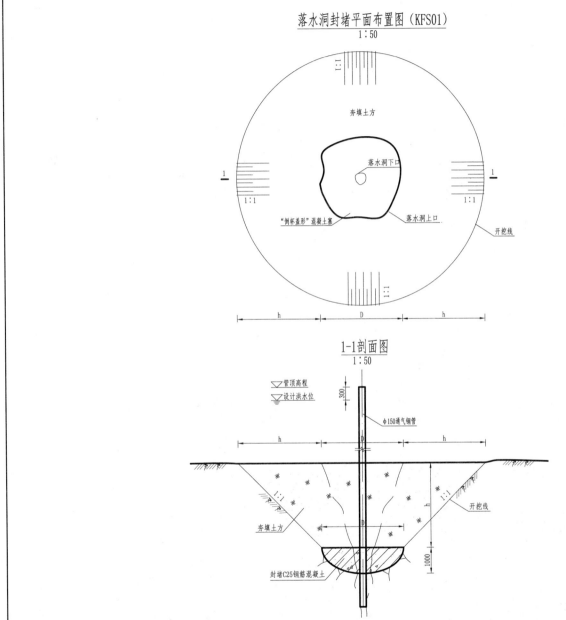

代 号	处理方案	适用条件
KFS01	混凝土塞封堵	岩溶地区库盆存在井状落水洞，上口呈圆形或椭圆形

1-1剖面图
1：50

说明：
1. 图中尺寸以mm计。
2. 图中D根据落水洞上口大小确定，h根据覆盖层深度确定。
3. 本设计采用"倒杯盖形"混凝土塞对库区落水洞进行封堵处理，封堵措施按以下步骤进行：
①覆盖层清除：封堵施工时先将表层覆盖土层挖除；②洞口扩挖：覆盖层清除完毕后，对落水洞洞口进行扩挖，并采用水枪冲洗干净；③通气管安装：预埋通气管，通气管采用直径φ150钢管，钢管壁厚不小于5mm，顶部高出设计洪水位0.3m；④混凝土施工：封堵钢筋混凝土强度等级为C25；⑤落水洞回填处理：混凝土封堵施工完毕后，再在其上回填黏土至地面，并夯压密实；⑥后续处理工作：通过落水洞封堵处理，能有效地解决库区渗漏问题，但岩溶的发育复杂多变，地下网络也难以查明，在今后运行中应坚持"以水找洞，见洞补洞"的原则，以彻底堵住漏水通道，减少渗漏损失，提高蓄水能力。

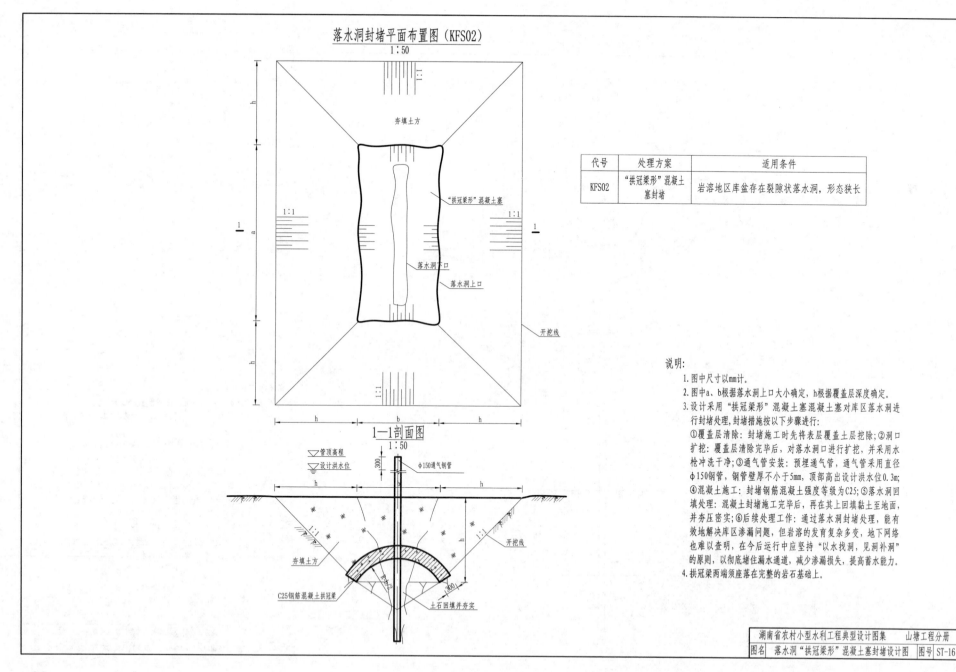

落水洞封堵平面布置图（KFS02）
1：50

夯填土方

"拱冠梁形"混凝土塞

落水洞下口

落水洞上口

开挖线

代号	处理方案	适用条件
KFS02	"拱冠梁形"混凝土塞封堵	岩溶地区库盆存在裂隙状落水洞，形态狭长

1—1剖面图
1：50

管顶高程
设计洪水位
φ150通气钢管

夯填土方

开挖线

C25钢筋混凝土拱冠梁

土石回填并夯实

说明：
1. 图中尺寸以mm计。
2. 图中a、b根据落水洞上口大小确定，h根据覆盖层深度确定。
3. 设计采用"拱冠梁形"混凝土塞混凝土塞对库区落水洞进行封堵处理，封堵措施按以下步骤进行：
   ①覆盖层清除：封堵施工时先将表层覆盖土层挖除；②洞口扩挖：覆盖层清除完毕后，对落水洞口进行扩挖，并采用水枪冲洗干净；③通气管安装：预埋通气管，通气管采用直径φ150钢管，钢管壁厚不小于5mm，顶部高出设计洪水位0.3m；④混凝土施工：封堵钢筋混凝土强度等级为C25；⑤落水洞回填处理：混凝土封堵施工完毕后，再在其上回填黏土至地面，并夯压密实；⑥后续处理工作：通过落水洞封堵处理，能有效地解决库区渗漏问题，但岩溶的发育复杂多变，地下网络也难以查明，在今后运行中应坚持"以水找洞，见洞补洞"的原则，以彻底堵住漏水通道，减少渗漏损失，提高蓄水能力。
4. 拱冠梁两端须座落在完整的岩石基础上。

湖南省农村小型水利工程典型设计图集　山塘工程分册

图名	落水洞"拱冠梁形"混凝土塞封堵设计图	图号	ST-16

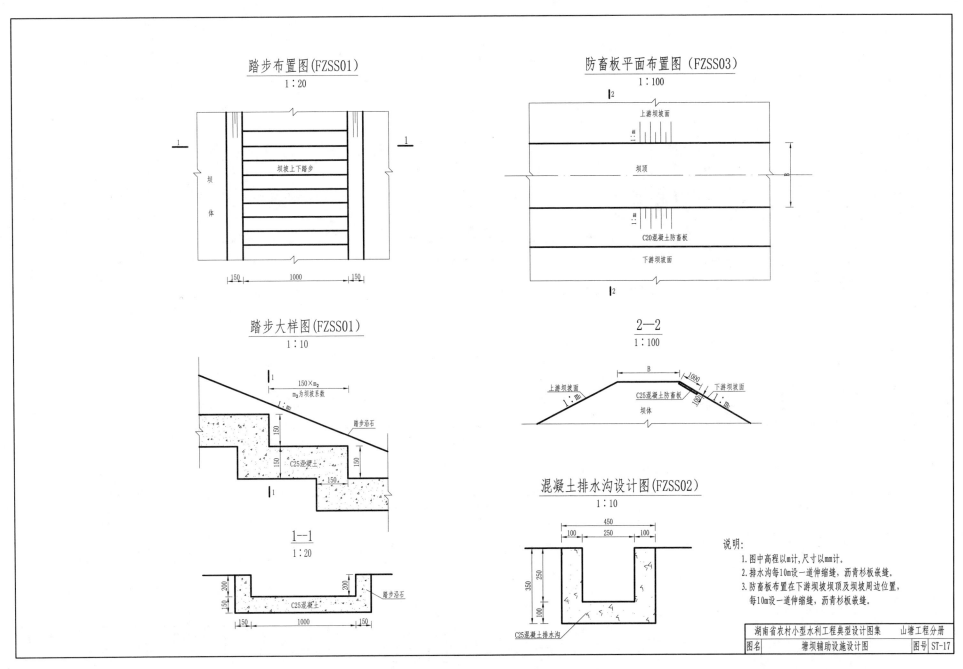

踏步布置图(FZSS01)
1:20

坝坡上下踏步

150 1000 150

踏步大样图(FZSS01)
1:10

150×m₂
m₂为坝坡系数

踏步沿石

C25混凝土

1--1
1:20

C25混凝土

踏步沿石

150 1000 150

防畜板平面布置图（FZSS03）
1:100

上游坝坡面

坝顶

C20混凝土防畜板

下游坝坡面

2--2
1:100

B 1000

上游坝坡面 下游坝坡面
C25混凝土防畜板
坝体

混凝土排水沟设计图(FZSS02)
1:10

450
100 250 100

350 250 100

C25混凝土排水沟

说明:
1.图中高程以m计,尺寸以mm计。
2.排水沟每10m设一道伸缩缝,沥青杉板嵌缝。
3.防畜板布置在下游坝坡坝顶及坝坡周边位置,
　每10m设一道伸缩缝,沥青杉板嵌缝。

湖南省农村小型水利工程典型设计图集		山塘工程分册	
图名	塘坝辅助设施设计图	图号	ST-17

溢洪道典型总体布置图
1:200

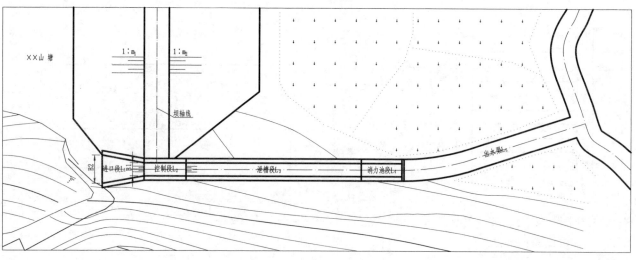

溢洪道典型纵剖面图
1:200

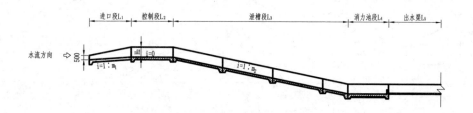

说明:

1. 本图高程单位以m计,其余单位以mm计。
2. 鉴于湖南省绝大多数山塘均采用河岸开敞正槽式溢洪道,侧槽式、竖井式、虹吸式溢洪道等属于极少数形式,所以本图集以河岸开敞正槽式溢洪道做典型布置。
3. 河岸开敞式正槽式溢洪道一般设有进口段、控制段、泄槽段、消力池段及出水渠等。
4. 溢洪道消能防冲设计洪水标准采用10年一遇,洪峰模数采用湖南省平均洪峰模数$9.44m^3/(s \cdot km^2)$,安全超高取0.5m。
5. 如果溢洪道位于基岩上,不衬砌,只整形。

湖南省农村小型水利工程典型设计图集		山塘工程分册
图名	溢洪道典型总体布置图	图号 ST-18

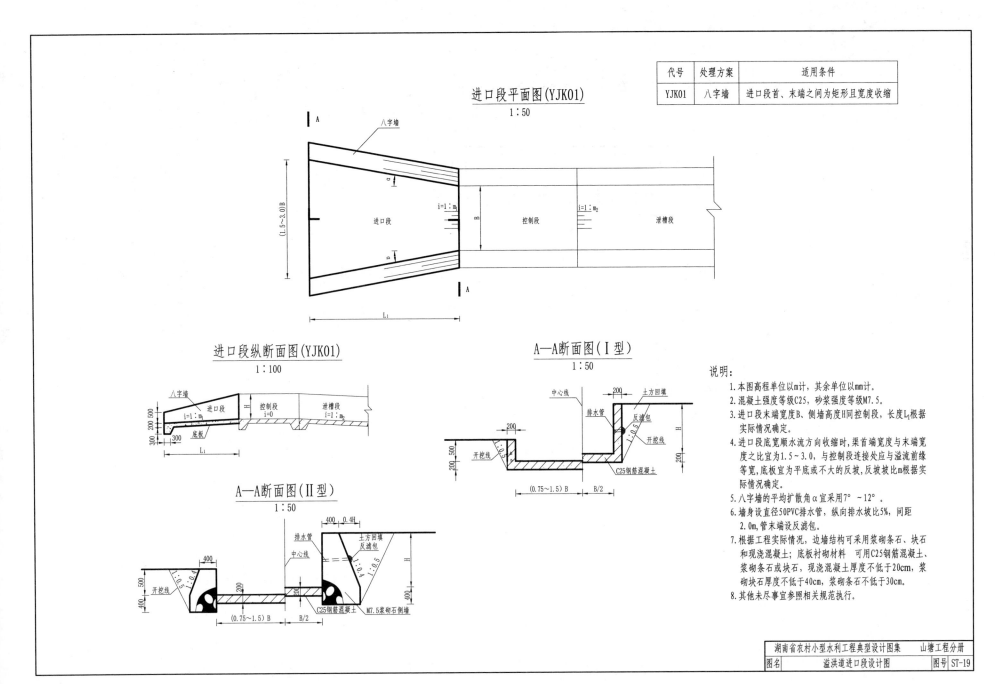

代号	处理方案	适用条件
YJK01	八字墙	进口段首、末端之间为矩形且宽度收缩

进口段平面图(YJK01)
1：50

进口段纵断面图(YJK01)
1：100

A—A断面图(Ⅰ型)
1：50

A—A断面图(Ⅱ型)
1：50

说明:
1.本图高程单位以m计，其余单位以mm计。
2.混凝土强度等级C25，砂浆强度等级M7.5。
3.进口段末端宽度B、侧墙高度H同控制段，长度L₁根据
实际情况确定。
4.进口段底宽顺水流方向收缩时，渠首端宽度与末端宽
度之比宜为1.5～3.0，与控制段连接处应与溢流前缘
等宽，底板宜为平底或不大的反坡，反坡坡比m根据实
际情况确定。
5.八字墙的平均扩散角α宜采用7°～12°。
6.墙身设直径50PVC排水管，纵向排水坡比5%，间距
2.0m，管末端设反滤包。
7.根据工程实际情况，边墙结构可采用浆砌条石、块石
和现浇混凝土；底板衬砌材料　可用C25钢筋混凝土、
浆砌条石或块石，现浇混凝土厚度不低于20cm，浆
砌块石厚度不低于40cm，浆砌条石不低于30cm。
8.其他未尽事宜宜参照相关规范执行。

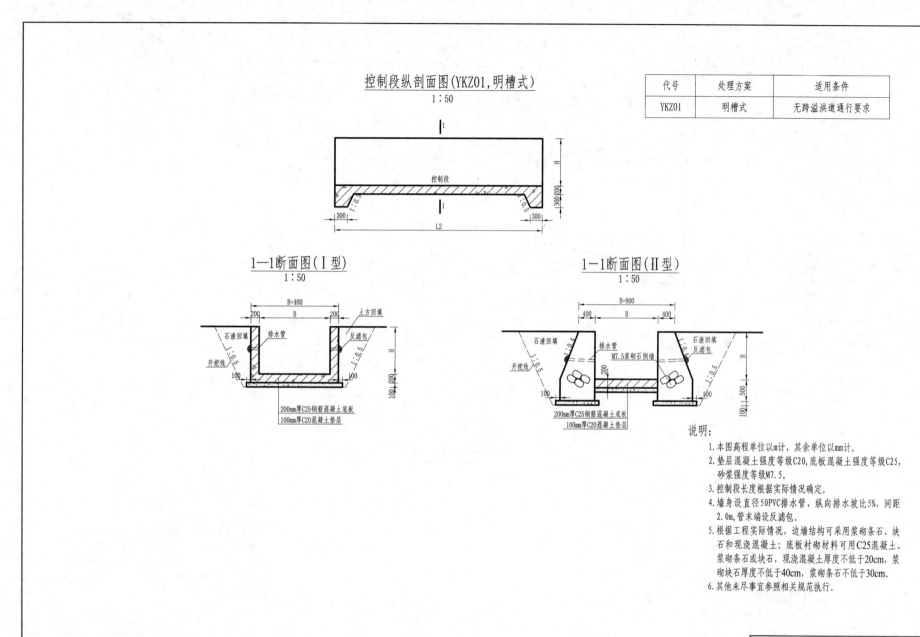

控制段纵剖面图(YKZ01,明槽式)
1:50

代号	处理方案	适用条件
YKZ01	明槽式	无跨溢洪道通行要求

1—1断面图(Ⅰ型)
1:50

1—1断面图(Ⅱ型)
1:50

说明:
1. 本图高程单位以m计,其余单位以mm计.
2. 垫层混凝土强度等级C20,底板混凝土强度等级C25,砂浆强度等级M7.5.
3. 控制段长度根据实际情况确定.
4. 墙身设直径50PVC排水管,纵向排水坡比5%,间距2.0m,管末端设反滤包.
5. 根据工程实际情况,边墙结构可采用浆砌条石、块石和现浇混凝土;底板衬砌材料可用C25混凝土、浆砌条石或块石,现浇混凝土厚度不低于20cm,浆砌块石厚度不低于40cm,浆砌条石不低于30cm.
6. 其他未尽事宜参照相关规范执行.

湖南省农村小型水利工程典型设计图集		山塘工程分册
图名	控制段设计图(明槽式)	图号 ST-20

泄槽段纵剖面图(YXC01,明槽式)
1:100

代号	处理方案	适用条件
YXC01	明槽式	坡度大于1:1.5

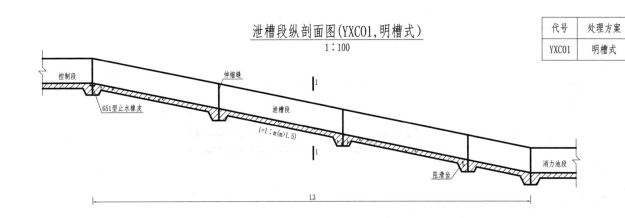

控制段
伸缩缝
651型止水橡皮
泄槽段
$i=1:m(m>1.5)$
消力池段
阻滑齿
L3

1—1断面图（Ⅰ型）
1:50

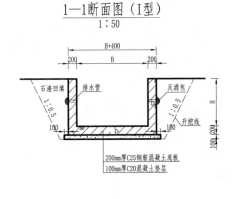

B+400
200 B 200
石渣回填
排水管
反滤包
1:0.5
1:0.5
开挖线
100
100
100,200
H
200mm厚C25钢筋混凝土底板
100mm厚C20混凝土垫层

1—1断面图（Ⅱ型）
1:50

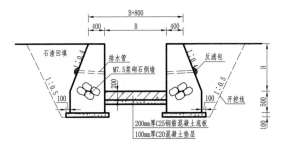

B+800
400 B 400
石渣回填
排水管
M7.5浆砌石侧墙
反滤包
1:0.4
1:0.4
1:0.5
1:0.5
200
100
100
100,500
H
开挖线
200mm厚C25钢筋混凝土底板
100mm厚C20混凝土垫层

伸缩缝详图
1:50

伸缩缝
20
651型止水橡皮
1:m2
100,200
100mm厚C20混凝土垫层
560
350
300 300

说明:
1. 本图高程单位以m计,其余单位以mm计。
2. 垫层混凝土强度等级C20,底板、侧墙混凝土强度等级C25,砂浆强度等级M7.5。
3. 图中L₃根据实际情况确定。
4. 泄槽段每10m设一道伸缩缝,缝宽20mm,伸缩缝内嵌沥青杉板和651型止水橡皮。
5. 泄槽段底板均设一排直径50排水孔,间距为2.0m,孔端采用250g/㎡土工布包裹,并设置导滤沟。
6. 墙身设直径50PVC排水管,纵向排水坡比5%,间距2.0m,管末端设反滤包。
7. 根据工程实际情况,边墙结构可采用浆砌条石、块石和现浇混凝土;底板衬砌材料可用C25混凝土、浆砌条石或块石,现浇混凝土厚度不低于20cm,浆砌块石厚度不低40cm,浆砌条石不低于30cm。
8. 泄槽段宽度B与控制段宽度一致,侧墙首部高度H与控制段侧墙高度一致,末端高度H和消力池段侧墙高度一致。
9. 特殊情况,建议另外进行专项设计。
10. 其他未尽事宜参照相关规范执行。

消力池段纵剖面图
1:50

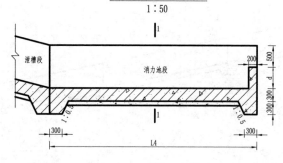

1—1断面图（Ⅱ型）
1:50

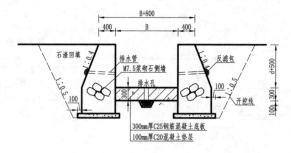

1—1断面图（Ⅰ型）
1:50

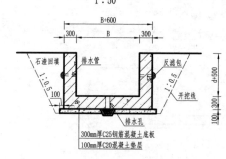

排水孔详图
1:100

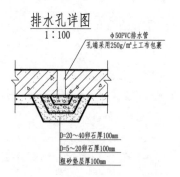

说明：
1. 本图高程单位以m计，其余单位以mm计。
2. 消力池底板和侧墙应坐落于基岩或坚硬土基上。
3. 垫层混凝土强度等级C20,底板、侧墙混凝土强度等级C25,砂浆强度等级M7.5。
4. 消力池底板均设一排直径50排水孔，间距为2.0m,孔端采用250g/m²土工布包裹，并设置导滤沟。
5. 墙身设直径50PVC排水管，纵向排水坡比5%,间距2.0m,管末端设反滤包。
6. 特殊情况，建议另外进行专项设计。
7. 其他未尽事宜参照相关规范执行。

湖南省农村小型水利工程典型设计图集		山塘工程分册	
图名	溢洪道底流消能段设计图	图号	ST-22

涵卧管原址开挖拆除重建典型平面布置图（HG01,卧管取水）
1:100

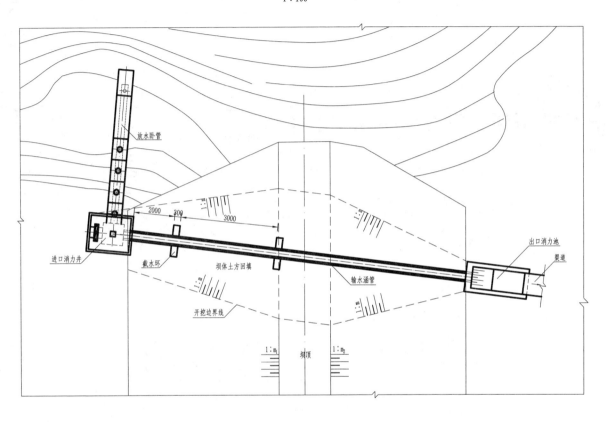

代号	处理方案	适用条件
HG01	开挖坝体拆除重建（卧管取水）	坝高小于5m，坝轴线较长；涵身发生结构破坏或涵身为炼瓦管、陶土管、篾笼管、木涵管结构；需分层取水等。本设计涵管均采用D300预制钢筋混凝土承插管

说明:
1. 图中高程以m计，其余尺寸以mm计。
2. 本图为涵管挖坝拆除重建设计图（卧管取水），本设计图共计5张，本图为第1张。
3. 输水涵管由放水卧管、消力井、管身及出口消力池组成，出口消力池后接原渠道。

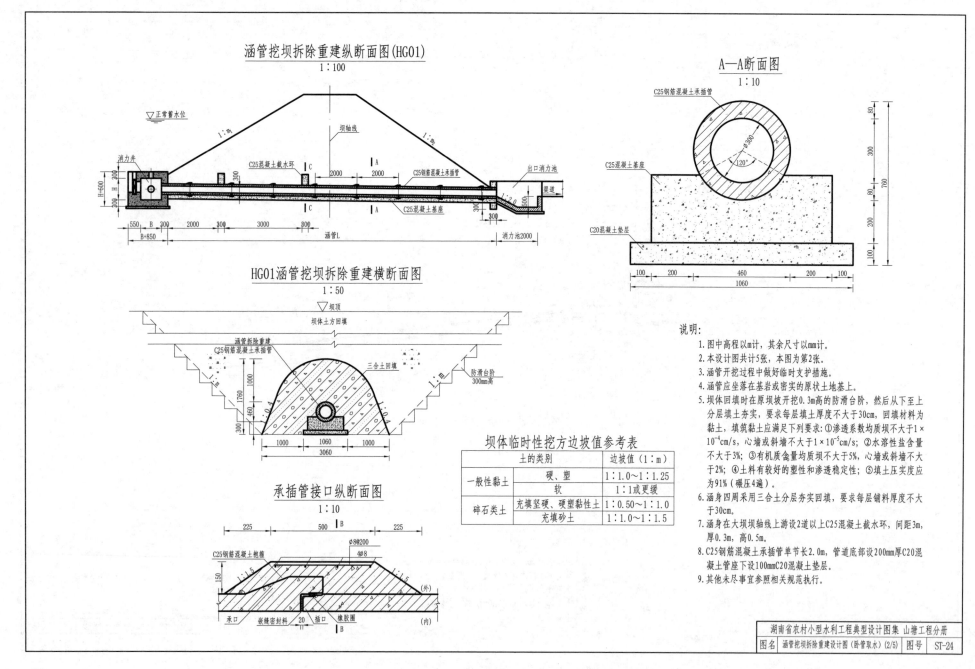

涵管挖坝拆除重建纵断面图(HG01)
1:100

正常蓄水位

消力井

坝轴线

C25混凝土截水环

C25钢筋混凝土承插管

出口消力池

渠道

C25混凝土基座

A—A断面图
1:10

C25钢筋混凝土承插管

C25混凝土基座

C20混凝土垫层

HG01涵管挖坝拆除重建横断面图
1:50

坝顶

坝体土方回填

涵管拆除重建
C25钢筋混凝土承插管

三合土回填

防滑台阶
300mm高

承插管接口纵断面图
1:10

C25钢筋混凝土抱箍

φ8@200

4φ8

(外)

承口

嵌缝密封料

插口

橡胶圈

(内)

坝体临时性挖方边坡值参考表

土的类别		边坡值（1：m）
一般性黏土	硬、塑	1：1.0～1：1.25
	软	1：1或更缓
碎石类土	充填坚硬、硬塑黏性土	1：0.50～1：1.0
	充填砂土	1：1.0～1：1.5

说明：
1. 图中高程以m计，其余尺寸以mm计。
2. 本设计图共计5张，本图为第2张。
3. 涵管开挖过程中做好临时支护措施。
4. 涵管应坐落在基岩或密实的原状地基上。
5. 坝体回填时在原坝坡开挖0.3m高的防滑台阶，然后从下至上分层填土夯实，要求每层填土厚度不大于30cm，回填材料为黏土，填筑黏土应满足下列要求：①渗透系数均质坝不大于1×10^{-4}cm/s，心墙或斜墙不大于1×10^{-5}cm/s；②水溶性盐含量不大于3%；③有机质含量均质坝不大于5%，心墙或斜墙不大于2%；④土料有较好的塑性和渗透稳定性；⑤填土压实度应为91%（碾压4遍）。
6. 涵身四周采用三合土分层夯实回填，要求每层铺料厚度不大于30cm。
7. 涵身在大坝轴线上游设2道以上C25混凝土截水环，间距3m，厚0.3m，高0.5m。
8. C25钢筋混凝土承插管单节长2.0m，管道底部设200mm厚C20混凝土管座下设100mmC20混凝土垫层。
9. 其他未尽事宜参照相关规范执行。

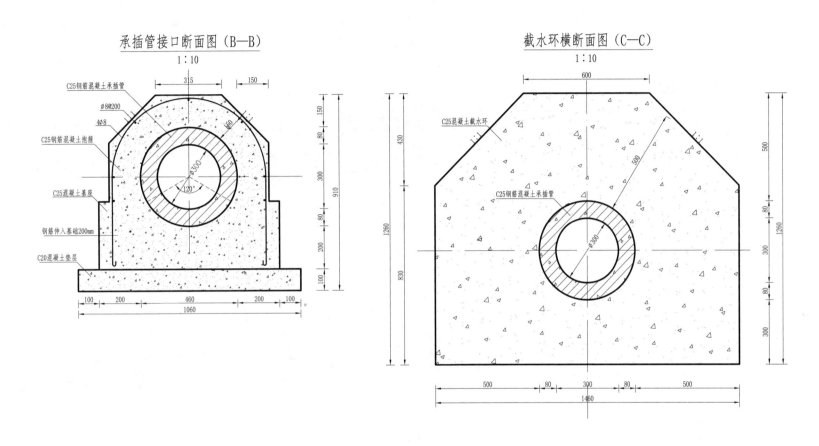

承插管接口断面图（B—B）
1：10

C25钢筋混凝土承插管
Ø8@200
4Ø8
C25钢筋混凝土抱箍
C25混凝土基座
钢筋伸入基础200mm
C20混凝土垫层

315 150
150
80
360
300
80
200
100
910
Ø300
120°

100 200 460 200 100
1060

截水环横断面图（C—C）
1：10

C25混凝土截水环
C25钢筋混凝土承插管

600
430
1260
830
Ø300
500
500
80
300
80
1260

500 80 300 80 500
1460

说明：
1. 图中高程以m计，其余尺寸以mm计。
2. 本设计图共计5张，本图为第3张。
3. 涵身在大坝坝轴线上游设2道以上C20混凝土截水环，间距3m，厚0.3m。
4. 其他未尽事宜参照相关规范执行。

卧管平面布置图(HG01)
1:50

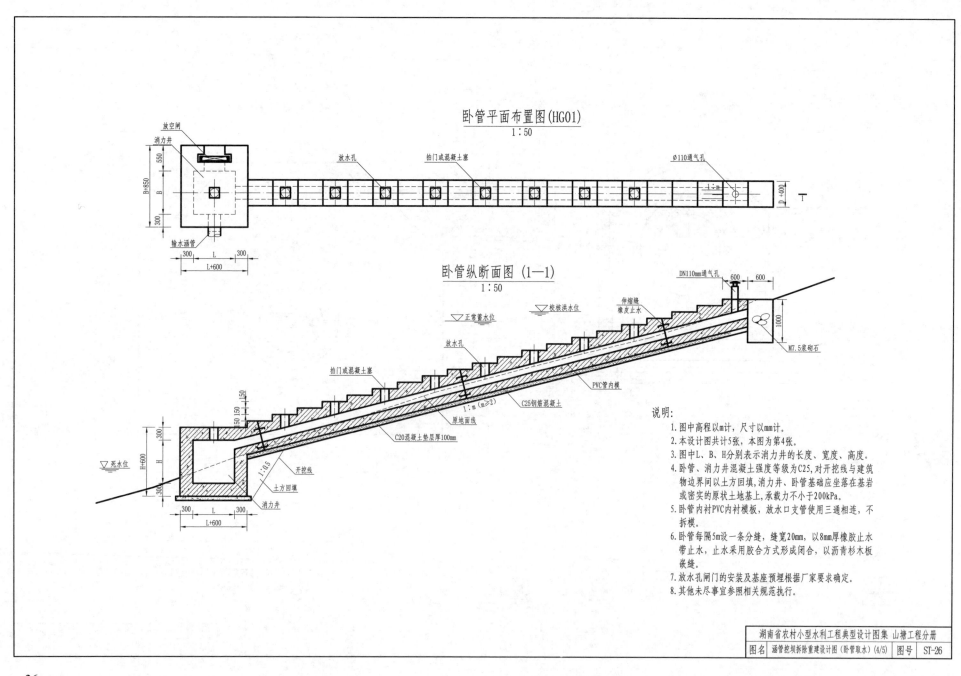

卧管纵断面图 (1—1)
1:50

说明:
1. 图中高程以m计,尺寸以mm计。
2. 本设计图共计5张,本图为第4张。
3. 图中L、B、H分别表示消力井的长度、宽度、高度。
4. 卧管、消力井混凝土强度等级为C25,对开挖线与建筑物边界间以土方回填,消力井、卧管基础应坐落在基岩或密实的原状土地基上,承载力不小于200kPa。
5. 卧管内衬PVC内衬模板,放水口支管使用三通相连,不拆模。
6. 卧管每隔5m设一条分缝,缝宽20mm,以8mm厚橡胶止水带止水,止水采用胶合方式形成闭合,以沥青杉木板嵌缝。
7. 放水孔闸门的安装及基座预埋根据厂家要求确定。
8. 其他未尽事宜参照相关规范执行。

湖南省农村小型水利工程典型设计图集 山塘工程分册		
图名	涵管挖坝拆除重建设计图(卧管取水)(4/5)	图号 ST-26

卧管放水孔（拍门）详图
1:20

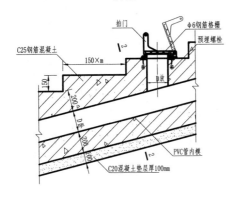

卧管放水孔（混凝土塞）详图
1:10

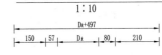

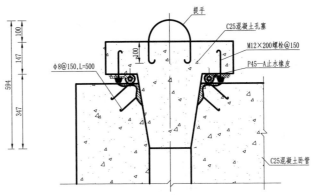

卧管横断面图(2-2)
1:20

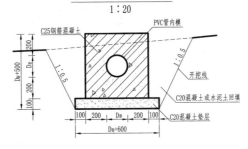

卧管及放水孔尺寸选用表

坝高(m)	放水孔内径$D_{放}$(mm)	卧管内径$D_{卧}$(mm)
<5	150	200
5～10	200	250

说明：
1. 图中高程以m计，尺寸以mm计。
2. 本设计图共计5张，本图为第5张。

涵卧管挖坝拆除重建典型平面布置图（HG02，斜拉闸）
1:100

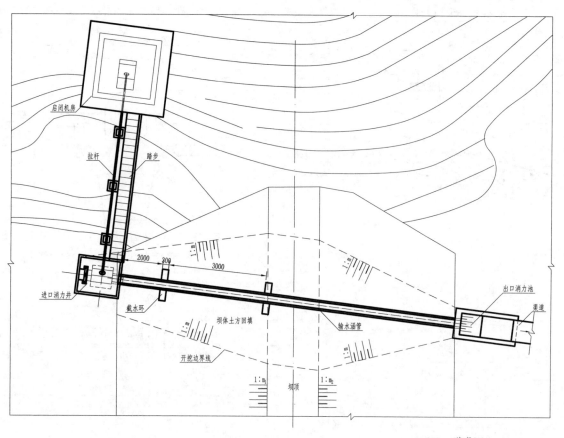

启闭机房

拉杆　　踏步

进口消力井

截水环　　坝体土方回填　　输水涵管

出口消力池　　渠道

开挖边界线

1:m₃　　1:m₄　　坝顶

2000　300　　3000

代号	处理方案	适用条件
HG02	开挖坝体拆除重建（斜拉闸）	坝高小于5m，坝轴线较长；涵身发生结构破坏或涵身为炼瓦管、陶土管、篾笼管、木涵管结构；不需分层取水等。本设计涵管均采用D300预制钢筋混凝土承插管

说明：
1. 图中高程以m计，其余尺寸以mm计。
2. 本图为涵管挖坝拆除重建设计图（斜拉闸），本设计图共计3张，本图为第1张。
3. 输水涵管由斜拉闸、消力井、管身及出口消力池组成，出口消力池后接原渠道。
4. 其他未尽事宜参照相关规范执行。

斜拉闸平面图(HG02)
1：50

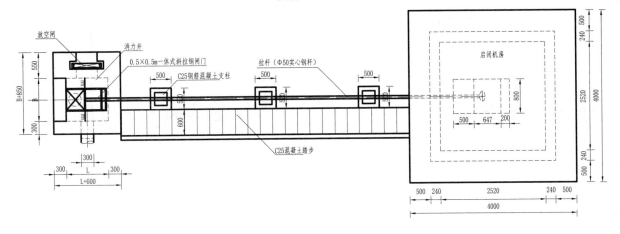

放空闸
消力井
0.5×0.5m一体式斜拉钢闸门
拉杆(Φ50实心钢杆)
C25钢筋混凝土支柱
C25混凝土踏步
启闭机房

踏步大样图
1：20

直径110mmPE通气管
出气口核洪水位以上
拉杆支座

A—A
1：20

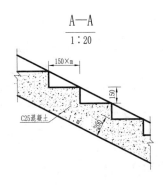

C25混凝土

说明:
1.图中高程以m计,其余尺寸以mm计。
2.本设计图共计3张,本图为第2张。
3.支柱混凝土强度等级为C25,踏步混凝土强度等级为C25。
4.其他未尽事宜参照相关规范执行。

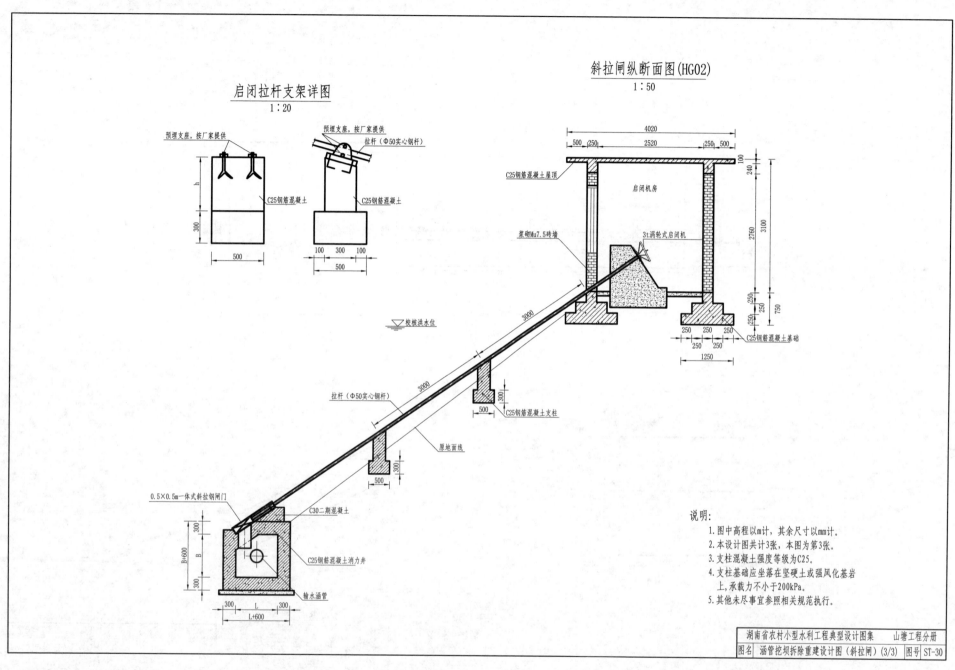

启闭拉杆支架详图
1:20

预埋支座，按厂家提供

预埋支座，按厂家提供

拉杆（Φ50实心钢杆）

C25钢筋混凝土

C25钢筋混凝土

斜拉闸纵断面图(HG02)
1:50

C25钢筋混凝土屋顶

启闭机房

浆砌Mu7.5砖墙

3t涡轮式启闭机

C25钢筋混凝土基础

拉杆（Φ50实心钢杆）

C25钢筋混凝土支柱

校核洪水位

原地面线

0.5×0.5m一体式斜拉钢闸门

C30二期混凝土

C25钢筋混凝土消力井

输水涵管

说明:
1. 图中高程以m计,其余尺寸以mm计。
2. 本设计图共计3张,本图为第3张。
3. 支柱混凝土强度等级为C25。
4. 支柱基础应坐落在坚硬土或强风化基岩
上,承载力不小于200kPa。
5. 其他未尽事宜参照相关规范执行。

湖南省农村小型水利工程典型设计图集   山塘工程分册

| 图名 | 涵管挖坝拆除重建设计图（斜拉闸）(3/3) | 图号 | ST-30 |

40

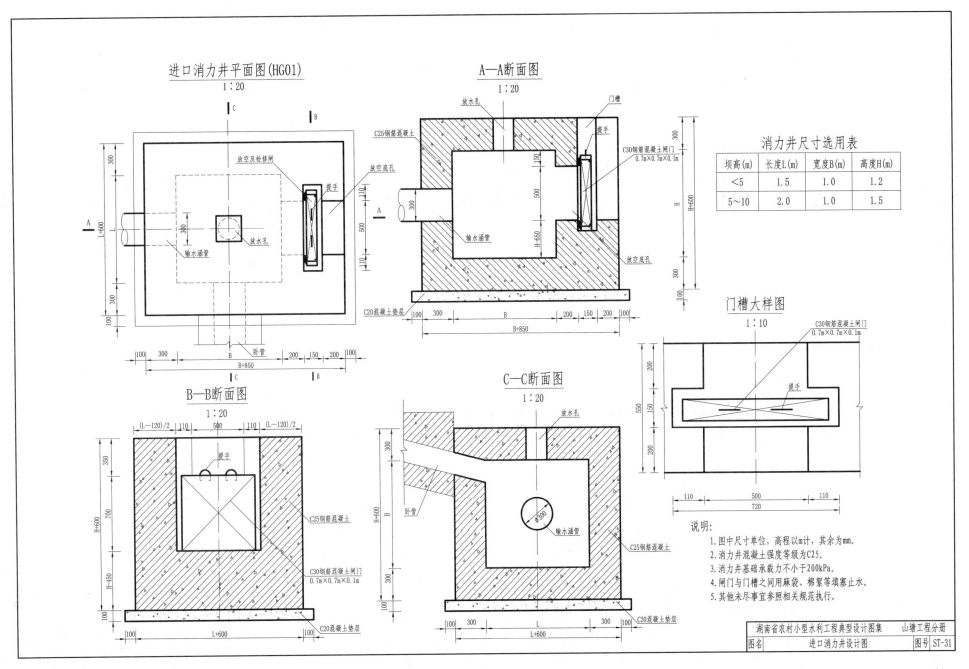

进口消力井平面图(HG01)
1:20

A—A断面图
1:20

消力井尺寸选用表

坝高(m)	长度L(m)	宽度B(m)	高度H(m)
<5	1.5	1.0	1.2
5~10	2.0	1.0	1.5

放水孔
门槽
C25钢筋混凝土
提手
C30钢筋混凝土闸门
0.7m×0.7m×0.1m
输水涵管
放空底孔
C20混凝土垫层

放空及检修闸
提手
放空底孔
放水孔
输水涵管
卧管

门槽大样图
1:10

C30钢筋混凝土闸门
0.7m×0.7m×0.1m
提手

B—B断面图
1:20

提手
C25钢筋混凝土
C30钢筋混凝土闸门
0.7m×0.7m×0.1m
C20混凝土垫层

C—C断面图
1:20

放水孔
卧管
Φ300
输水涵管
C25钢筋混凝土
C20混凝土垫层

说明:
1.图中尺寸单位,高程以m计,其余为mm。
2.消力井混凝土强度等级为C25。
3.消力井基础承载力不小于200kPa。
4.闸门与门槽之间用麻袋、棉絮等填塞止水。
5.其他未尽事宜参照相关规范执行。

湖南省农村小型水利工程典型设计图集　山塘工程分册

图名	进口消力井设计图	图号	ST-31

41

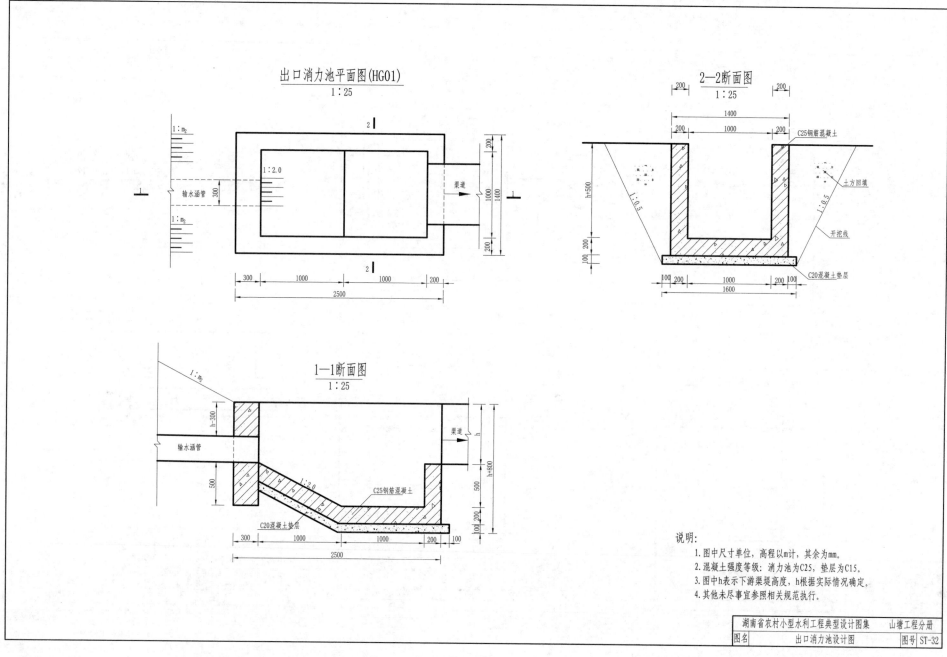

出口消力池平面图(HG01)
1:25

渠道

输水涵管

2—2断面图
1:25

C25钢筋混凝土
土方回填
开挖线
C20混凝土垫层

1—1断面图
1:25

渠道

输水涵管

C25钢筋混凝土
C20混凝土垫层

说明:
1.图中尺寸单位,高程以m计,其余为mm。
2.混凝土强度等级:消力池为C25,垫层为C15。
3.图中h表示下游渠堤高度,h根据实际情况确定。
4.其他未尽事宜参照相关规范执行。

湖南省农村小型水利工程典型设计图集		山塘工程分册	
图名	出口消力池设计图	图号	ST-32

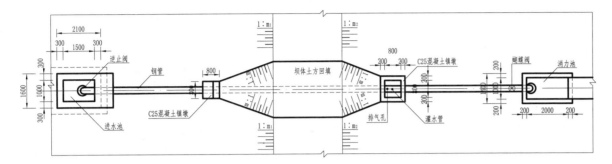

涵管改建虹吸管设计平面图(HG03)
1:100

涵管改建虹吸管设计纵断面图(HG03)
1:100

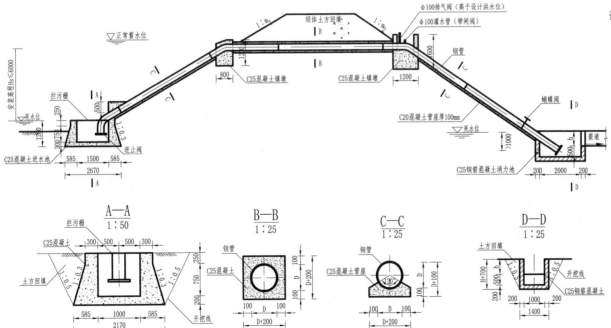

代号	处理方案	适用条件
HG03	原涵管封堵,新建虹吸管替代	原涵管无法正常运行且不具备挖坝拆除重建及其他替代条件

坝体临时性挖方边坡值参考表

土的类别		边坡值(1:m)
一般性黏土	硬、塑	1:1.0～1:1.25
	软	1:1或更缓
碎石类土	充填坚硬、硬塑黏性土	1:0.50～1:1.0
	充填砂土	1:1.0～1:1.5

虹吸管尺寸选用表

坝高(m)	虹吸管内径D(mm)
<5	100～150
5～10	150～200

说明:
1. 图中尺寸单位,高程以m计,其余为mm。
2. 图中h表示渠道高度,根据实际情况确定,Hs为虹吸最高点至死水位的高差。
3. 虹吸管进水口与出水口高差大于1m。
4. 放水管进口需设逆止阀。
5. 钢管电焊接应保证气密性,严禁漏气。
6. 放水管采用金属防锈蚀涂料进行处理,在法兰连接处用沥青将法兰接缝包裹。
7. 坝体回填时在原坝坡开挖0.3m高的防滑台阶,然后从下至上分层填土夯实,要求每层填土厚度不大于30cm,回填材料为黏土,填筑黏土应满足下列要求:①渗透系数均质坝不大于$1×10^{-4}$cm/s,心墙或斜墙不大于$1×10^{-5}$cm/s;②水溶性盐含量不大于3%;③有机质含量均质坝不大于5%,心墙或斜墙不大于2%;④土料有较好的塑性和渗透稳定性;⑤填土压实度应为91%(碾压4遍)。
8. 当坝高小于6.0m时,管身置于坝顶,当坝高大于6.0m时管身埋置于坝体内。
9. 新建虹吸管后应将原坝下涵管封堵,封堵方法详见涵管封堵设计图。
10. 其他未尽事宜参照相关规范执行。

A—A
1:50

B—B
1:25

C—C
1:25

D—D
1:25

平面布置图
1:100

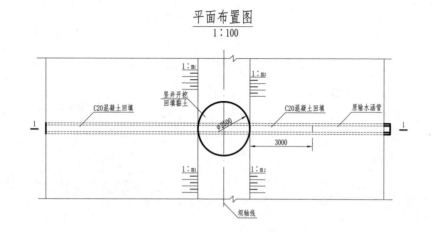

C20混凝土回填

竖井开挖
回填黏土

C20混凝土回填

原输水涵管

φ3500

3000

1:m₁

1:m₂

1

1

坝轴线

竖井护壁预制混凝土断面图
1:100

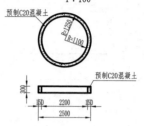

预制C20混凝土

r=1150
R=1100

300

150 2200 150

2500

预制C20混凝土

纵剖面图（1—1）
1:100

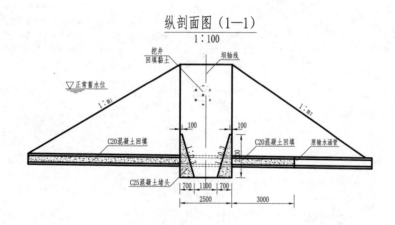

挖井
回填黏土

坝轴线

▽ 正常蓄水位

1:m₁

1:m₂

C20混凝土回填

C20混凝土回填

原输水涵管

100 100

C25混凝土堵头

700 1100 700

2500

3000

说明:
1. 图中单位以mm计,高程以m计。
2. 涵管竖井开挖封堵在坝轴线上进行,采用混凝土填筑涵管,竖井内径为2.5m,当宽度不满足要求时,可将挖井范围内坝顶降低,待施工完成后再恢复。
3. 涵管竖井开挖封堵施工顺序为: 1) 开挖竖井,并凿除竖井范围内原涵管壁及管座。2) 在竖井内向上下游(下游3m)回填C20混凝土,封堵原涵管。3) 向竖井内回填黏土直至坝顶。
4. 涵管竖井开挖封堵施工技术要点为: 1)定位:首先准确确定涵管轴线所在位置,与坝轴线交点即为竖井中心。2)护壁:此类挖井不同于其他挖井之处为其护壁材料必须拆除,采用预制C20混凝土护壁,且必须随挖井下挖边挖边护砌。3)凿管:挖井至输水涵管后,将挖井控制范围内的涵管凿除。4)堵管:从井中用回填混凝土将其上下游(下游3m)涵洞堵塞。5)回填:按要求将涵管堵塞后,边拆除预制混凝土护壁边回填黏土,直至坝顶。

湖南省农村小型水利工程典型设计图集　山塘工程分册

| 图名 | 原涵管封堵设计图 | 图号 | ST-34 |

涵管加固纵断面图(HG04)
1:100

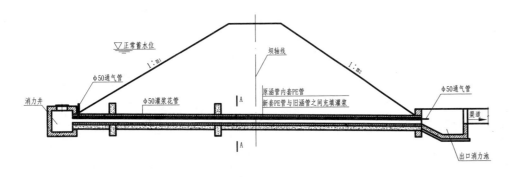

PE管尺寸选用表

坝高(m)	PE管外径D(mm)
<5	250
5~10	315

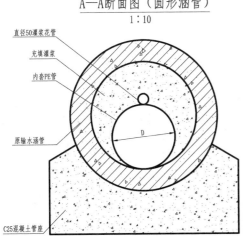

A—A断面图（圆形涵管）
1:10

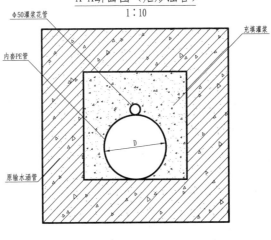

A-A断面图（矩形涵管）
1:10

说明：
1. 图中高程以m计，其余尺寸以mm计。
2. 图中D为内套PE管外径，PE管型号：PE80，承压0.4MPa。
3. 内套PE管施工工艺：①施工期应选在非汛期，将水库水位放至引水涵管进口高程下，必要时可在进口做部分施工围堰；②PE管在涵管出口施工场地采用对口焊接接，管顶外侧绑缚D50灌浆管，然后将PE管从涵管下游出口顶入涵管内，直到从上游涵管进口露出设计长度为止；③PE管通过法兰和止水环与涵管进口混凝土结构连接，并保证止水措施可靠。在涵洞进口现浇混凝土结构完工并达到一定强度后，便可在下游出口处通过绑缚在管壁上的灌浆管对PE管和原涵管内壁之间的空隙灌填水泥砂浆。应采取可靠措施保证回填砂浆密实，可采用微膨胀水泥砂浆。
4. 卧管、消力井和消力池若需要拆除重建，参考涵管拆除重建相应部分。
5. 其他未尽事宜参照相关规范执行。

代号	处理方案	适用条件
HG04	内套PE管	涵身结构良好，局部存在裂缝剥蚀产生渗漏；管线无转折；内套PE管后不影响涵管的输水能力

	湖南省农村小型水利工程典型设计图集	山塘工程分册
图名	涵管加固设计图（内套PE管）	图号 ST-35

45

上游坝坡水位标尺详图
1：10

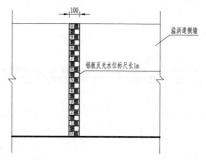

铝板反光水位标尺长2m

C25钢筋混凝土

桩柱

100

2000

300

200

溢洪道侧墙水位标尺详图
1：10

溢洪道侧墙

铝板反光水位标尺长1m

100

桩柱平面图
1：10

200

200

说明:
1. 图中尺寸单位以mm计。
2. 大坝上游坝坡靠溢洪道进口段处从死水位至坝顶每2m高设一
   把2m的水位标尺。
3. 水位标尺桩柱尺寸宜为宽×高＝0.2×0.2m，地表以上长宜为
   2.0m左右。
4. 溢洪道控制段侧墙处设置水位观测标尺。
5. 水位标尺上明确常水位、正常蓄水位、设计洪水位等。

项目标示牌立视图
1:20

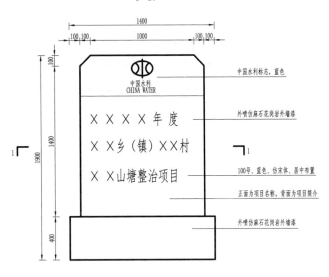

中国水利标志，蓝色

中国水利
CHINA WATER

外喷仿麻石花岗岩外墙漆

×××× 年 度

×× 乡（镇）×× 村

×× 山塘整治项目

100号、蓝色、仿宋体、居中布置

正面为项目名称，背面为项目简介

外喷仿麻石花岗岩外墙漆

1—1剖视图
1:20

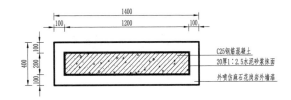

C25钢筋混凝土
20厚1:2.5水泥砂浆抹面
外喷仿麻石花岗岩外墙漆

说明：
1. 图中尺寸单位以mm计。
2. 标示牌面板采用灰麻花岗岩石材。
3. 雕刻文字由专业石材加工公司制作，图中文字字样为蓝色。
4. 标示碑正面为项目名称，背面为项目简介。
5. 标示碑宜布置于坝顶端或其他适当位置。

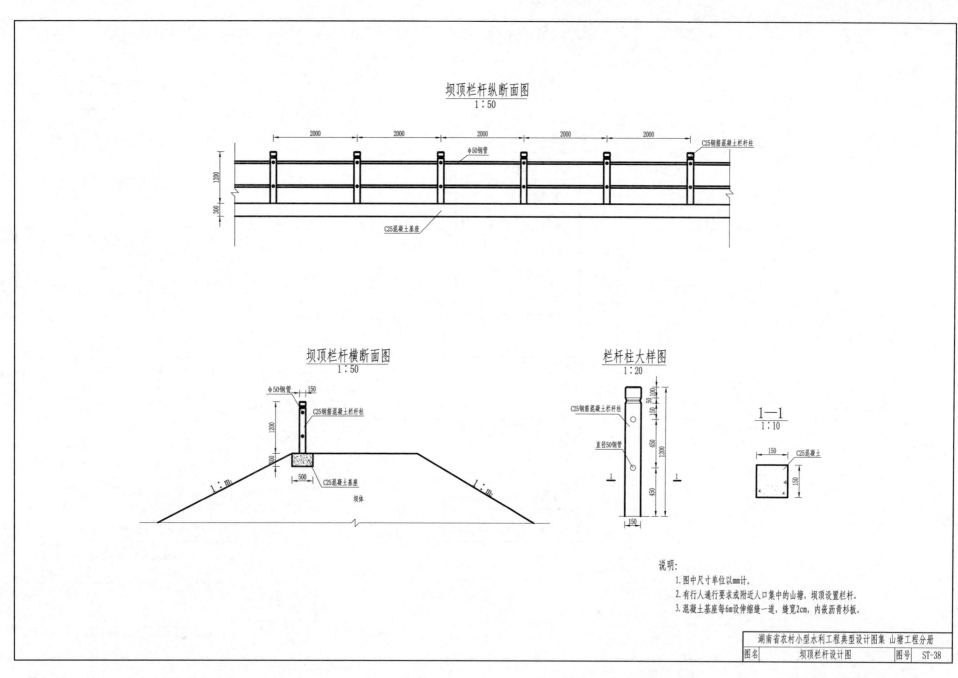

坝顶栏杆纵断面图
1:50

坝顶栏杆横断面图
1:50

栏杆柱大样图
1:20

1—1
1:10

说明:
1.图中尺寸单位以mm计。
2.有行人通行要求或附近人口集中的山塘,坝顶设置栏杆。
3.混凝土基座每6m设伸缩缝一道,缝宽2cm,内嵌沥青杉板.

第二部分

河 坝 工 程

1 范围

1.1 《图集》所称的河坝工程主要指灌溉引水流量小于 1m³/s，溢流坝段最大坝高不大于 5m 的河坝工程的加固改造。

1.2 湖南省的河坝工程坝型包括滚水坝、橡胶坝、钢坝等，最常见的为滚水坝，《图集》主要涉及滚水坝，橡胶坝、钢坝一般不推荐使用。

1.3 《图集》适用于加固河坝工程，新建河坝工程可参照执行。

1.4 河坝工程包括上游连接段、坝体段及下游连接段等，上游连接段包括上游翼墙及铺盖，下游连接段包括下游翼墙及消能设施。灌溉河坝一般在上游设有引水渠或泵站，引水渠或泵站本分册不涉及，具体参照《节水灌溉工程》之《渠系及渠系建筑物工程》和《泵站工程》执行。

2 《图集》主要引用的法律法规及规程规范

2.1 《图集》主要引用的法律法规

《中华人民共和国水法》

《中华人民共和国安全生产法》

《中华人民共和国环境保护法》

《中华人民共和国节约能源法》

《中华人民共和国消防法》

《中华人民共和国水土保持法》

《农田水利条例》（中华人民共和国国务院令第 669 号）

注：《图集》引用的法律法规，未注明日期的，其最新版本适用于本图集。

2.2 《图集》主要引用的规程规范

SL 56—2013　农村水利技术术语

SL 252—2017　水利水电工程等级划分及洪水标准

SL 191—2008　水工混凝土结构设计规范

GB 50010—2010（2015 版）　混凝土结构设计规范

GB 50003—2011　砌体结构设计规范

SL 303—2017　水利水电工程施工组织设计规范

SL 223—2008　水利水电建设工程验收规程

SL 319—2018　混凝土重力坝设计规范

GB 50007—2011　建筑地基基础设计规范

SL 379—2007　水工挡土墙设计规范

SL 677—2014　水工混凝土施工规范

GB 50201—2014　防洪标准

注：《图集》引用的规程规范，凡是注日期的，仅所注日期的版本适用于《图集》；凡是未注日期的，其最新版本（包括所有的修改单）适用于《图集》。

3 术语和定义

3.1 河坝

河坝是指拦截河道水流以抬高水位或调节流量的挡水建筑物。可形成水库，抬高水位、调节径流、集中水头，用于供水、灌溉、水力发电等。

3.2 溢流坝

坝顶可泄洪的坝，亦称滚水坝。溢流坝一般由混凝土或浆砌石筑成。

3.3 铺盖

将黏性土料或混凝土水平铺设在透水地基坝、闸的上游，以增加渗流的渗径长度、减小渗透坡降、防止地基渗透变形并减少渗透流量的防渗设施。

3.4 翼墙

为保证溢流坝两端边坡稳定并起引导河流的作用而设置的一种挡土结构物。

3.5 消力池

促使在泄水建筑物下游产生底流式水跃的消能设施。

3.6 护坦

水闸、溢流坝等泄水建筑物下游，用以保护河床免受水流冲刷或其他侵蚀破坏的刚性结构设施。

3.7 消力坎

通过水跃，将泄水建筑物泄出的急流转变为缓流，以消除下泄水流动能的消能设施。

3.8 海漫

在泄水建筑物的下游护坦或消力池下游，为保护河床免受水流冲刷而设置的具有一定柔韧性的护底消能防冲结构。

3.9 防冲槽

一种建在水闸或泄水建筑物海漫末端或上游护底前端、挖槽抛石形成的防冲棱体。

3.10 冲砂闸

利用河（渠）道水流冲排上游河段或渠系沉积的泥沙的水闸。

4 一般要求

4.1 工程等级划分

根据 SL 252—2017《水利水电工程等级划分及洪水标准》第 5.1.2 条，当山区、丘陵区水库工程永久性挡水建筑物的挡水高度低于 15m，且上下游最大水头差小于 10m 时，其洪水标准宜按平原、滨海区标准确定。所以《图集》中的河坝工程等别及建筑物级别参照平原区拦河水闸相关规定拟定。具体见表 1。

表1　　　　　　河坝工程等别及建筑物级别表

工程等别	工程规模	最大过坝流量（m³/s）	主要建筑物级别	次要建筑物级别
V	小（2）型	<20	5	5

4.2 坝址选择

4.2.1　坝址宜选择在地形开阔、岸坡稳定、岩土坚实和地下水较低的地点。宜优先选用地质条件良好的天然地基，避免采用人工处理地基。

4.2.2　坝址宜选择在河道顺直、河势相对稳定的河段。

4.2.3　若在多支流汇合口下游河道上建坝，选定的坝址与汇合口之间的距离宜大于河宽的 3 ~ 5 倍。

4.3 河坝工程总体布置

4.3.1　小型农田水利河坝一般采用无闸控制开敞式溢流坝。

4.3.2　应根据工程区水沙流态合理拟定 1 处或 2 处冲砂闸孔。

4.3.3　提倡采用无闸控引水灌溉，但应核定河道泄洪工况下灌溉引水渠上游渠段临河渠堤的泄洪安全。

4.3.4　河坝坝轴线在平面布置上可以采取直线或拱向上游的折线。

4.4 坝体基础

重力坝的基础经处理后应符合下列要求：

4.4.1　具有足够的强度，以承受坝体的压力。

4.4.2　具有足够的整体性和均匀性，以满足坝体抗滑稳定和减小不均匀沉陷。

4.4.3　具有足够的抗渗性，以满足渗透稳定，控制渗流量，降低渗透压力。

4.4.4　具有足够的耐久性，以防止岩体性质在水的长期作用下发生恶化。

4.4.5 岩溶地区的坝基处理，应在认真查明岩溶洞穴、宽大溶隙等在坝基下的分布范围、形态特征、充填物性质及地下水活动状况的基础上，进行专门的处理设计。

4.5 不同地质条件下河坝的设计原则

4.5.1 土基：当溢流坝坐落于透水土基时，坝体应建在坚硬土质基础上，上游设黏土铺盖，如果坝高小于2m，应在黏土铺盖上设置防冲护底。下游设消力池、海漫、防冲槽等消能防冲设施。

4.5.2 岩基：当溢流坝坐落于不透水岩基时，坝体可建在弱风化中部至上部基岩上，上游不设黏土铺盖；当下游河床岩石抗冲能力足够，坝后不设消力池、海漫、防冲槽等消能防冲设施。

4.6 上、下游翼墙

4.6.1 上、下游翼墙采用八字形翼墙或圆弧形翼墙，翼墙采用重力式挡墙或仰斜式挡墙，可采用混凝土或浆砌石结构。

4.6.2 上、下游翼墙总扩散角14°～24°。

4.6.3 上游翼墙长度：自坝顶中心线算起，一般为坝高的5倍。

4.6.4 下游翼墙长度：有护坦则与护坦齐平，或稍长1～2m，没有护坦，自坝轴线起，为坝高的8～12倍。

4.7 上游护底

上游护底采用混凝土或浆砌石结构，混凝土厚度不小于30cm，浆砌石厚度不小于40cm。

4.8 防渗排水

4.8.1 当坝基为透水土基时，上游设置黏土铺盖，铺盖最小厚度不宜小于50cm，下游护坦底部应设滤层。

4.8.2 黏土铺盖的填筑要求：填筑材料为黏土，土料渗透系数不大于1×10^{-5}cm/s，水溶性盐含量不大于3%，有机质含量不大于5%，有较好的塑性和渗透稳定性。填土从下至上分层填土夯实，每层填土厚度不大于30cm，压实度不小于91%。

4.9 坝体

4.9.1 新建河坝一般采用混凝土溢流坝，也可考虑采用上游设有垂直防渗层的格宾笼组合透水溢流坝。

4.9.2 浆砌石溢流坝改造一般采用浆砌石结构或"金包银"结构。

4.10 护坦（消力池）

护坦应具有足够的重量、强度和抗冲耐磨能力，通常采用混凝土，也可采用浆砌石。为了防止不均匀沉降而产生裂缝，护坦与两侧翼墙底板之间，均应设置沉降缝。缝中应设止水。

4.11 海漫

4.11.1 海漫长度及坡度应能满足消除水流余能，调整流速分布，均匀地扩散出池水流，使之与天然河道的水流状态接近，以保河床免受冲刷的要求。

4.11.2 海漫构造要求：表面粗糙，透水性好，具有一定的柔性。海漫材料一般采用浆砌或干砌块石。

4.12 防冲槽

4.12.1 防冲槽的深度应置于河床淘刷深度以下。

4.12.2 防冲槽一般采用干砌块石，石块块径$D > 0.3$m。

4.13 冲砂闸

4.13.1 应根据工程区水沙流态合理拟定1处或2处冲砂闸孔。

4.13.2 冲砂闸闸门为一体式钢闸门。

4.14 坝顶人行桥

4.14.1 如果坝址位置两岸有通行要求，可考虑在坝顶建设人行桥，但人行桥的桥底高度应高出设计洪水以上至少0.3m。

4.14.2 人行桥采用钢筋混凝土简支梁板结构，单跨不超过6.0m，桥面宽度不大于1.5m，两侧设置防护栏杆。

5 工程施工

5.1 施工导流

5.1.1 导流标准

《图集》中河坝工程为Ⅴ等工程，主要建筑物级别为5级，次要建筑物级别为5级。河坝工程项目简单，工程量小，且围堰的使用年限较短，一般为一个枯期，围堰失事后，损失不大。《图集》河坝导流标准选择3年一遇洪水重现期。

5.1.2 导流方式及导流时段

《图集》中河坝工程一般河道河宽较小，枯水期流量小，且项目简单，工程量小，可以在一个枯水期内完成施工。故采用一次拦断河床围堰导流方式，与之配合的包括明渠导流和涵管导流。当河道两岸地势比较平坦，则采用明渠导流，当河道两岸地势比较陡峭，不能开挖导流明渠时，则采用涵管导流。

湖南省一般4—10月为水稻主灌溉期，为降低施工对灌溉的影响，主体工程施工拟从10月开始。根据工程项目进度安排，导流时段为第一年10月至次年2月。

5.1.3 围堰堰顶高程

根据SL 303—2017《水利水电施工组织设计规范》，围堰顶高程不低于设计洪水的静水位与波浪爬高及堰顶安全加高值之和。

《图集》中河坝工程为Ⅴ等工程，主要建筑物级别为5级，次要建筑物级别为5级，导流建筑物、施工围堰等临时性建筑物为5级。围堰堰顶安全超高参照SL 303—2017《水利水电工程施工组织设计规范》要求，土石围堰取0.5m。所以，河坝工程波浪爬高及堰顶安全加高值之和取0.5m。

5.1.4 围堰结构设计

河坝工程上、下游围堰采用土石围堰结构形式。围堰顶宽取1.5～2.0m，迎水面采用黏土斜墙防渗，堰基采用黏土截水齿槽防渗，围堰迎水面坡比1：2.0，背水面坡比1：1.5，围堰迎水面采用块石护坡。

5.1.5 导流明渠设计

计算公式采用明渠均匀流的基本公式

$$Q = AC\sqrt{Ri} \qquad (1)$$

式中 Q——渠道设计流量，m^3/s；

       A——渠道过水断面面积，m^2；

       R——水力半径，$R = A/X$，m；

       X——湿周，m；

       C——谢才系数，$m^{0.5} = s$，$C = R^{1/6}/n$；

       i——渠底比降；

       n——渠床糙率系数。

导流明渠一般采用梯形断面，边坡坡比1：1，底板和侧墙一般采用8cm厚C25混凝土衬砌。

5.2 安全文明施工

5.2.1
在施工时应加强安全措施，按有关规定设立各种安全标志牌、警告牌、照明装置等。

5.2.2
恶劣天气严禁室外施工作业，各种棚架、构筑物和机械设备应有对应安全措施。

5.2.3
现场文明施工，材料、机具的堆放，力求整齐合理，场内无污水、积水。工程施工工工期间应维护好施工现场原有建筑设施的结构安全，施工污水、泥浆、垃圾，严禁往河里排放。

5.2.4
严格按照各级政府有关安全文明施工的要求，做好其他各项工作。

河坝取水枢纽布置示意图
1:200

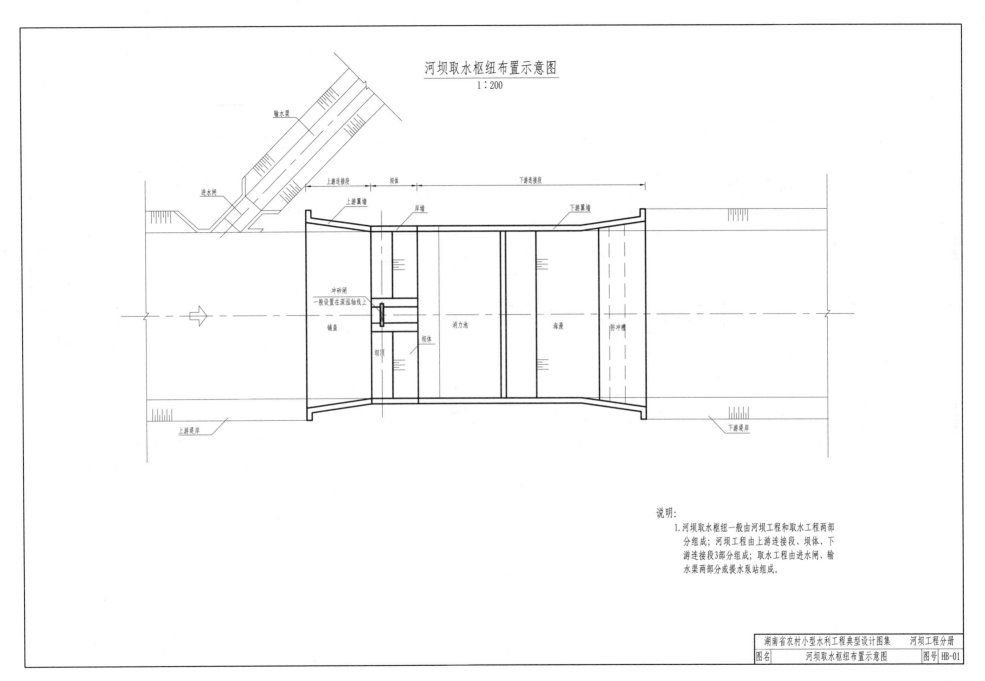

说明：
1. 河坝取水枢纽一般由河坝工程和取水工程两部分组成；河坝工程由上游连接段、坝体、下游连接段3部分组成；取水工程由进水闸、输水渠两部分或提水泵站组成。

YLB01混凝土溢流坝（斜坡式）平面布置图
1：100

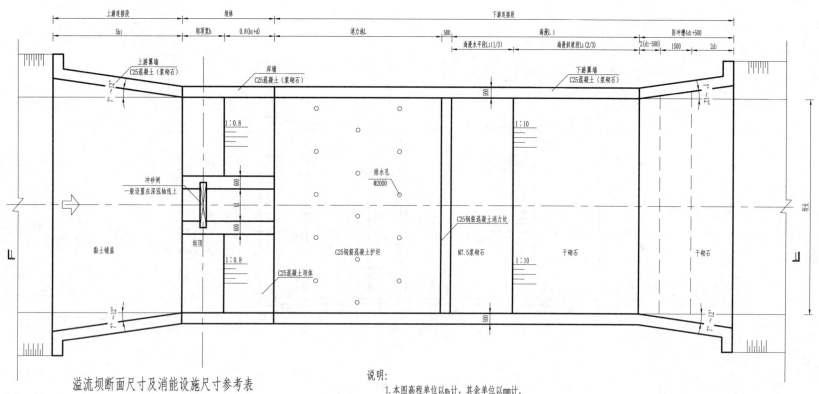

溢流坝断面尺寸及消能设施尺寸参考表

设计单宽流量（m³/s）	坝体尺寸		消力池尺寸			海漫及防冲槽尺寸	
	挡水高h₁（m）	坝顶宽b（m）	池长L（m）	池深d（m）	护坦厚δ（m）	海漫长L₁（m）	防冲槽深d₁（m）
<1	<1	1.5	<2.0	<0.3	0.5	<8	<0.6
	1~3	1.5~2	2.0~4.0	0.3~0.5	0.5~0.6	8~11	0.6~0.8
1~3	<1	1.5~2	2.0~4.0	0.3~0.5	0.5~0.6	8~11	0.6~0.8
	1~3	1.5~2	4.0~6.0	0.5~0.8	0.6~0.7	11~18	0.8~1.0

代号	处理方案	适用条件
YLB01	混凝土溢流坝（斜坡式）	新建溢流坝，坝体座落于透水土基上

说明：
1. 本图高程单位以m计，其余单位以mm计。
2. 河坝工程由上游连接段、坝体、下游连接段3部分组成，灌溉河坝一般在上游设有引水渠或泵站，本部分不做具体设计。
3. 坝长、冲砂闸孔数及宽度b₁根据实际情况确定，挡水高度h₁以能满足上游引水渠或泵站取水要求确定。
4. 如果河坝所在位置两岸有行人要求，坝顶可增设人行桥，人行桥设计详见人行桥设计图。
5. 河坝施工工艺流程：施工围堰（截流）→施工导流→坝基基础开挖→坝体混凝土浇筑→消力池浇筑→翼墙及岸墙施工→干砌石海漫等施工。
6. 围堰施工：河坝工程上、下游围堰采用土石围堰结构形式。围堰顶宽取1.5~2.0m，迎水面采用黏土斜墙防渗，堰基采用黏土截水齿槽防渗，围堰迎水面坡比1：2.0，背水面坡比1：1.5，围堰迎水面采用块石护坡；必要时可铺设复合土工膜防渗。
7. 混凝土施工：详情见图HB-04。
8. 素混凝土强度等级为C25，钢筋混凝土强度等级不低于C25，水灰比不大于0.6，混凝土抗渗等级一般为W2，其中，河坝挡水面取W4。

图名	混凝土溢流坝（斜坡式）平面布置图	图号	HB-02

YLB01混凝土溢流坝（斜坡式）纵剖视图(1—1)
1：100

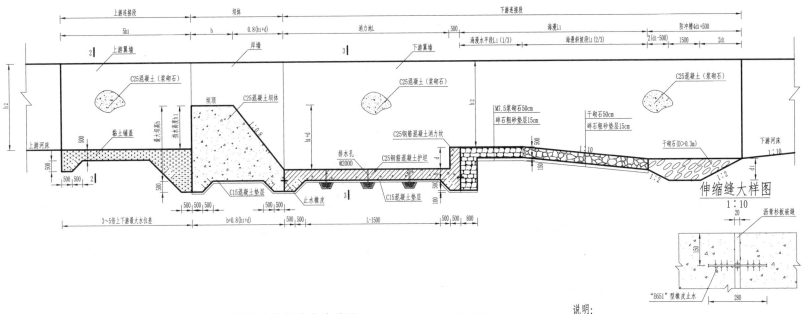

伸缩缝大样图
1：10

说明：
1. 本图高程单位以m计，其余单位以mm计。
2. 当溢流坝坐落在透水土基时，坝体应建在坚硬土质基础上，上游设黏土铺盖；下游设消力池、海漫、防冲槽等消能防冲设施，挡墙高度h2根据实际情况确定。
3. 坝体、挡墙混凝土强度等级C25，消力池护坦、消力坎混凝土强度等级C25。
4. 坝体、挡墙及消力池每隔10m设一道伸缩缝。
5. 消力池底板设φ50排水孔，间距为2.0m，梅花形布孔，孔端采用250g/m²工布包裹，并设置导滤沟。
6. 挡墙墙身设φ50PVC排水管，排水坡比5%，间距2.0m，管末端设反滤包。
7. 黏土铺盖的填筑要求详见本图集说明部分。
8. 挡土墙设计具体数值参照《水工挡土墙设计规范》执行；挡土墙的材料和结构可结合实际情况选取不同的形式。
9. 施工工艺见图HB-04。
10. 其他未尽事宜参照相关规范执行。

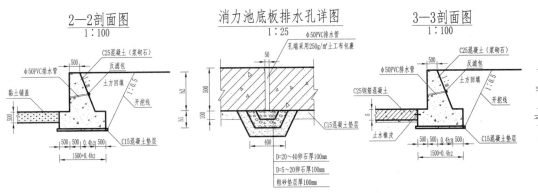

2—2剖面图
1：100

消力池底板排水孔详图
1：25

3—3剖面图
1：100

湖南省农村小型水利工程典型设计图集		河坝工程分册	
图名	混凝土溢流坝（斜坡式）剖面图	图号	HB-03

57

混凝土施工工艺

混凝土施工工艺流程与要求
(1) 材料选择及配合比设计原则
混凝土的原材料必须按设计有关规范提供，其原材料的储量必须满足施工强度的要求。
(2) 混凝土的配比原则
1) 水灰比的选定主要根据所要求的强度和耐久性。
2) 用水量在满足施工和易性的条件下，力求单位用水量最小。
3) 最大的粗骨料粒径根据结构断面和钢筋稠密度等情况确定。
4) 砂率根据选定的骨料级配和易性要求，选择最优砂率。
(3) 混凝土的拌和
1) 混凝土拌和
混凝土采用拌和机生产混凝土。混凝土的拌和每班都应进必要的常规试验，检验各项性能指标，并根据实验结果及时进行混凝土配合比、拌和等的优化和调整。
2) 运输
混凝土的运输：混凝土输送塔机，直接至仓面。
(4) 混凝土浇筑
混凝土的浇筑工艺流程：清仓→入仓铺料→平仓振捣→养护。
1) 仓面准备工作：包括基础面处理、施工缝处理、立模、冷动管理埋设、仓面清理等。以上工作完成后，经验收合格后，方能签署准浇令进行混凝土浇筑。
2) 铺料：采用分层铺筑，每层间隔时间不超过2h。平底板混凝土浇筑时，一般先浇筑齿槽，然后再从一端向另一端浇筑，当底板混凝土方量较大时，可安排两个作业班组分层通仓浇筑。齿槽浇筑完后，一组从上游开始，另一组从下游开始，交替连环浇筑，缩短每块时间间隔，加快进度，避免产生施工冷缝。
3) 平仓振捣：平仓采用人工平仓，混凝土振捣采用高频振捣器，振捣按序进行，快插慢拔，不漏振或过振，以混凝土表面不显著下沉，不出现气泡，并开始泛浆为结束标准。
4) 混凝土养护：混凝土浇筑完毕12～18h即开始人工洒水养护，经保证混凝土面湿润。在炎热或干燥气候情况下，应提前养护。早期混凝土表面应采用水饱和的覆盖物进行遮盖，以免太阳光直接曝晒，混凝土养护时间不得小于14d，重要部位和利用后期强度的混凝土，以及炎热干燥气候条件下，应延长养护时间，一般不得少于28d，养护工作配专人负责，并做好养护记录。

(5) 混凝土冬雨季施工
雨季施工时，混凝土浇筑前应排干仓内积水，混凝土浇筑完应用防水布覆盖，防止雨淋；冬季施工时，在温度较低时应及时对浇筑后的混凝土用麻袋或草袋覆盖，防止混凝土冻坏。温度低于零度时，应停止混凝土工程施工。
(6) 混凝土质量控制
为保证混凝土施工质量满足设计要求，应对施工中各主要环节及硬化后的混凝土质量进行控制和检查。混凝土施工质量控制采用混凝土强度标准差6＜3.0～4.0；强度保证率P≥90%。且最小强度应大于混凝土设计强度的90%。

湖南省农村小型水利工程典型设计图集		河坝工程分册
图名	混凝土施工工艺	图号 HB-04

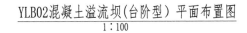

YLB02混凝土溢流坝(台阶型)平面布置图
1:100

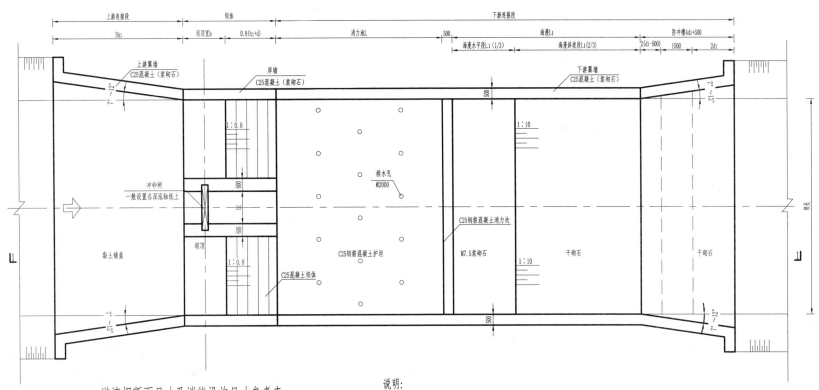

图中标注：
- 上游连接段 5h1
- 坝体 坝顶宽b 0.8(h1+d)
- 下游连接段
- 消力池L 500
- 海漫L1 海漫水平段L1(1/3) 海漫斜披段L1(2/3)
- 防冲槽4d1+500 2(d1-500) 1500 2d1

- 上游翼墙 C25混凝土(浆砌石)
- 岸墙 C25混凝土(浆砌石)
- 下游翼墙 C25混凝土(浆砌石)
- 7~12°
- 1:0.8
- 600
- h1
- 600
- 1:0.8
- 冲砂闸 一般设置在深泓轴线上
- 黏土铺盖
- 坝顶
- C25混凝土坝体
- C25钢筋混凝土护坦
- 排水孔 @2000
- C25钢筋混凝土消力坎
- M7.5浆砌石
- 干砌石
- 1:10
- 500

溢流坝断面尺寸及消能设施尺寸参考表

设计单宽流量(m²/s)	坝体尺寸		消力池尺寸			海漫及防冲槽尺寸	
	挡水高h₁(m)	坝顶宽b(m)	池长L(m)	池深d(m)	护坦厚δ(m)	海漫长L₁(m)	防冲槽深d₁(m)
<1	<1	1.5	<2.0	<0.3	0.5	<8	<0.6
	1~3	1.5~2	2.0~4.0	0.3~0.5	0.5~0.6	8~11	0.6~0.8
1~3	<1	1.5~2	2.0~4.0	0.3~0.5	0.5~0.6	8~11	0.6~0.8
	1~3	1.5~2	4.0~6.0	0.5~0.8	0.6~0.7	11~18	0.8~1.0

代号	处理方案	适用条件
YLB02	混凝土溢流坝(台阶型)	新建溢流坝，坝体座落于透水土基上，利用台阶进行辅助消能

说明：
1. 本图高程单位以m计，其余单位以mm计。
2. 河坝工程由上游连接段、坝体、下游连接段3部分组成，灌溉河坝一般在上游设有引水渠或泵站，本部分不做具体设计。
3. 坝长、冲砂闸孔数及宽度b₁根据实际情况确定，挡水高度h₁以能满足上游引水渠或泵站取水要求确定。
4. 如果河坝所在位置两岸有行人要求，坝顶可增设人行桥，人行桥设计详见人行桥设计图。
5. 河坝施工工艺流程：施工围堰(截流)→施工导流→坝基基础开挖→坝体混凝土浇筑→消力池浇筑→翼墙及岸墙施工→干砌石海漫等施工。
6. 围堰施工：河坝工程上、下游围堰采用土石围堰结构形式。围堰顶宽取1.5~2.0m，迎水面采用黏土斜墙防渗，堰基采用黏土截水齿槽防渗，围堰迎水面坡比1:2.0，背水面坡比1:1.5，围堰迎水面采用块石护坡；必要时可铺设复合土工膜防渗。
7. 混凝土施工：详情见图HB-04。
8. 素混凝土强度等级为C25，钢筋混凝土强度等级不低于C25，水灰比不大于0.6，混凝土抗渗等级一般为W2，其中，河坝挡水面取W4。

湖南省农村小型水利工程典型设计图集	河坝工程分册
图名	混凝土溢流坝(台阶型)平面布置图	图号 HB-05

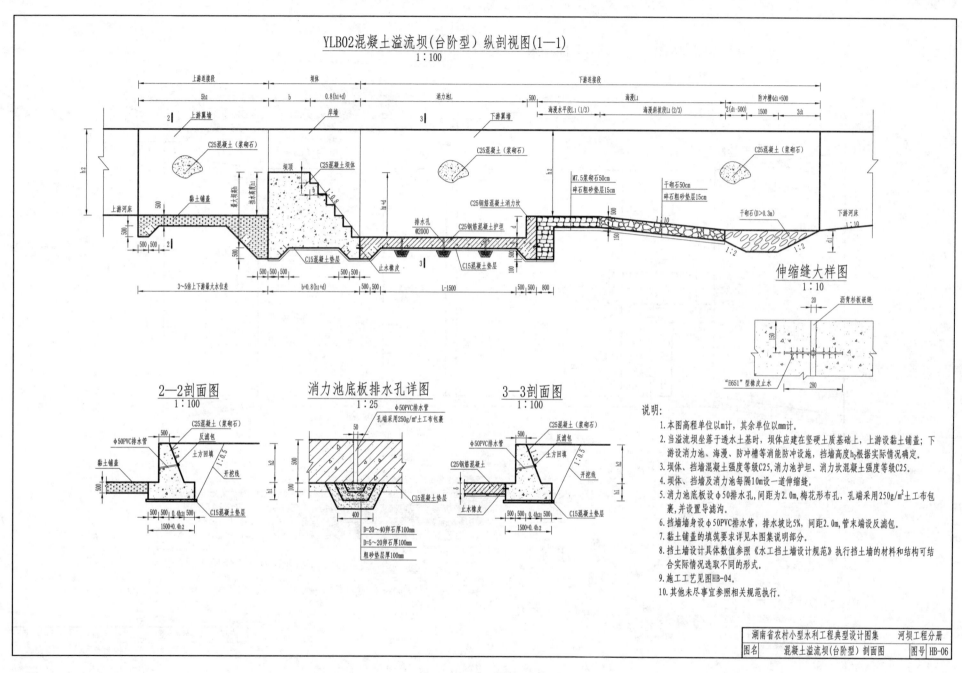

YLB02混凝土溢流坝(台阶型）纵剖视图(1—1)
1:100

伸缩缝大样图
1:10

2—2剖面图
1:100

消力池底板排水孔详图
1:25

3—3剖面图
1:100

说明:
1. 本图高程单位以m计,其余单位以mm计。
2. 当溢流坝坐落于透水土质基时,坝体应建在坚硬土质基础上,上游设黏土铺盖;下游设消力池、海漫、防冲槽等消能防冲设施,挡墙高度h_2根据实际情况确定。
3. 坝体、挡墙混凝土强度等级C25,消力池护坦、消力坎混凝土强度等级C25。
4. 坝体、挡墙及消力池每隔10m设一道伸缩缝。
5. 消力池底板设ϕ50排水孔,间距为2.0m,梅花形布孔,孔端采用250g/m²土工布包裹,并设置导滤沟。
6. 挡墙身设ϕ50PVC排水管,排水拔比5%,间距2.0m,管末端设反滤包。
7. 黏土铺盖的填筑要求详见本图集说明部分。
8. 挡土墙设计具体数值参照《水工挡土墙设计规范》执行挡土墙的材料和结构可结合实际情况选取不同的形式。
9. 施工工艺见图HB-04。
10. 其他未尽事宜参照相关规范执行。

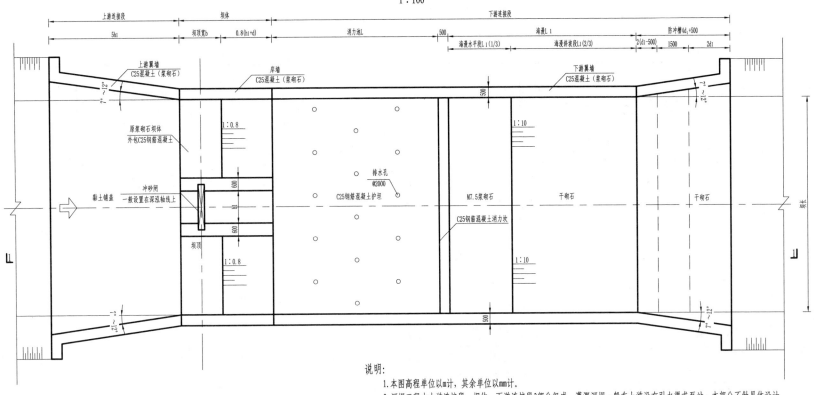

YLB03"金包银"溢流坝平面布置图
1:100

说明:

1. 本图高程单位以m计,其余单位以mm计。
2. 河坝工程由上游连接段、坝体、下游连接段3部分组成,灌溉河坝一般在上游设有引水渠或泵站,本部分不做具体设计。
3. 河长、冲砂闸孔数及宽度b_1根据实际情况确定,挡水高度h_1以能满足上游引水渠或泵站取水要求确定。
4. 如果河坝所在位置两岸有行人要求,坝顶可增设人行桥,人行桥设计详见人行桥设计图。
5. 河坝施工工艺流程:施工围堰(截流)→施工导流→坝基基础开挖→坝体浆砌石砌筑→坝体外包混凝土浇筑→消力池砌筑→翼墙及岸墙施工→干砌石海漫等施工。
6. 围堰施工:河坝工程上、下游围堰采用土石围堰结构形式。围堰顶宽取1.5~2.0m,迎水面采用黏土斜墙防渗,堰基采用黏土截水齿槽防渗,围堰迎水面坡比1:2.0,背水面坡比1:1.5,围堰迎水面采用块石护坡。必要时可铺设复合土膜防渗。
7. 浆砌石施工:详情见HB-09。
8. 素混凝土强度等级为C25,钢筋混凝土强度等级不低于C25,水灰比不大于0.6,混凝土抗渗等级一般为W2,其中,河坝挡水面取W4。
9. 块石:一般由成层岩石爆破而成或大块石料镶切而得,要求上下两面大致平整且平行,无尖角、薄边,块厚宜大于20cm。

溢流坝断面尺寸及消能设施尺寸参考表

设计单宽流量(m³/s)	坝体尺寸		消力池尺寸			海漫及防冲槽尺寸	
	挡水高h_1(m)	坝顶宽b(m)	池长L(m)	池深d(m)	护坦厚δ(m)	海漫长L_1(m)	防冲槽深d_1(m)
<1	<1	1.5	<2.0	<0.3	0.5	<8	<0.6
	1~3	1.5~2	2.0~4.0	0.3~0.5	0.5~0.6	8~11	0.6~0.8
1~3	<1	1.5~2	2.0~4.0	0.3~0.5	0.5~0.6	8~11	0.6~0.8
	1~3	1.5~2	4.0~6.0	0.5~0.8	0.6~0.7	11~18	0.8~1.0

代号	处理方案	适用条件
YLB03	"金包银"溢流坝	现有浆砌石溢流坝加固,坝体座落于透水土基上,坝体断面不规整、破损、渗漏严重

YLB03"金包银"溢流坝纵剖视图(1—1)
1:100

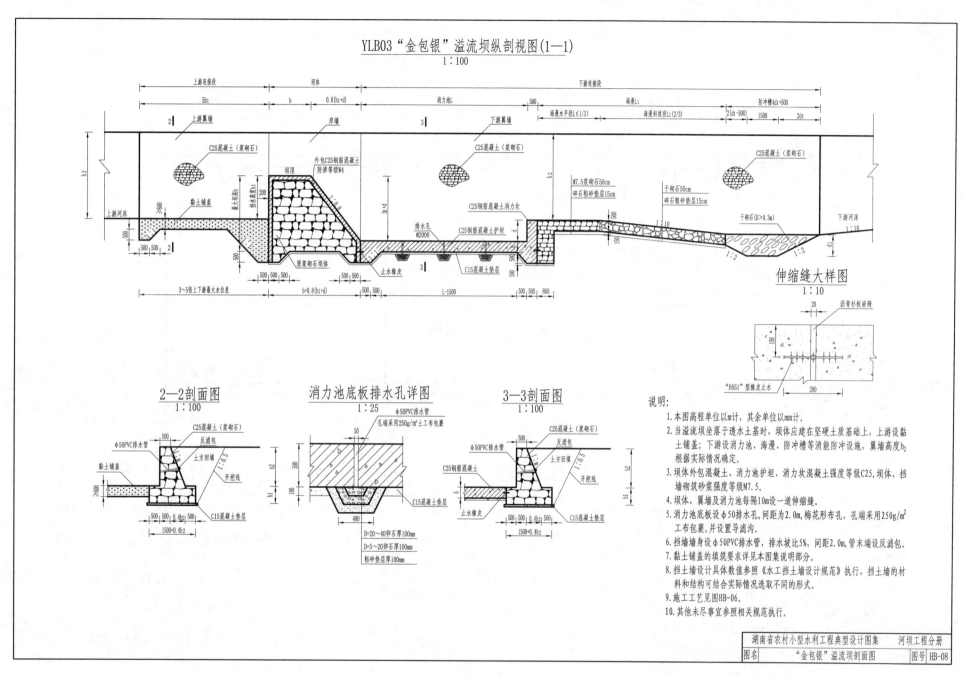

伸缩缝大样图
1:10

2—2剖面图
1:100

消力池底板排水孔详图
1:25

3—3剖面图
1:100

说明:
1. 本图高程单位以m计,其余单位以mm计。
2. 当溢流坝坐落于透水土基时,坝体应建在坚硬土质基础上,上游设黏土铺盖;下游设消力池、海漫、防冲槽等消能防冲设施,翼墙高度h_2根据实际情况确定。
3. 坝体外包混凝土、消力池护坦、消力坎混凝土强度等级C25,坝体、挡墙砌筑砂浆强度等级M7.5。
4. 坝体、翼墙及消力池每隔10m设一道伸缩缝。
5. 消力池底板设φ50排水孔,间距为2.0m,梅花形布孔,孔端采用250g/m²工布包裹,并设置导滤沟。
6. 挡墙墙身设φ50PVC排水管,排水坡比5%,间距2.0m,管末端设反滤包。
7. 黏土铺盖的填筑要求详见本图集说明部分。
8. 挡土墙设计具体数值参照《水工挡土墙设计规范》执行,挡土墙的材料和结构可结合实际情况选取不同的形式。
9. 施工工艺见图HB-06。
10. 其他未尽事宜参照相关规范执行。

湖南省农村小型水利工程典型设计图集		河坝工程分册	
图名	"金包银"溢流坝剖面图	图号	HB-08

浆砌石施工要求与流程

(一)施工程序

(二)材料要求

(1)石料

①砌体石料必须质地坚硬、新鲜,不得有剥落层或裂纹。其基本物理力学指标应符合设计规定。

②石料表面的泥垢等杂质,砌筑前应清洗干净。

③石料的规格要求

块石:一般由成层岩石爆破而成或大块石料锲切而得,要求上下两面大致平整且平行,无尖角、薄边,块厚宜大于20cm。

(2)胶结材料

①砌石体的胶结材料,主要有水泥砂浆和混凝土。水泥砂浆是由水泥、砂、水按一定的比例配合而成。用作砌石胶结材料的混凝土是由水泥、水、砂和最大粒径不超过40mm的骨料按一定的比例配合而成。

②水泥:应符合国家标准或部颁标准的规定,水泥标号不低于325号,水位变化区、溢流面和受水流冲刷的部位,其水泥标号应不低于425号。

③水:拌和用的水必须符合国家标准规定。

④水泥砂浆的沉入度应控制在4~6cm,混凝土的坍落度应为5~8cm。

(3)砌筑要求

①挡墙基础按设计要求开挖后,进行清理,并请工程师进行验收。

②已砌好的砌体,在抗压强度未达到设计强度前不得进行上层砌石的准备工作。

③砌石必须采用铺浆法砌筑,砌筑时,石块宜分层卧砌,上下错缝,内外搭砌。

④在铺砌前,将石料洒水湿润,使其表面充分吸收,但不得残留积水。砌体外露面在砌筑后12~18h之内给予养护。继续砌筑前,将砌体表面浮渣清除,再行砌筑。

⑤砂浆砌石体在砌筑时,应做到大面朝下,适当摇动或敲击,使其稳定;严禁石块无浆贴靠,竖在填塞砂浆后用扁铁插捣至表面泛浆;同一砌筑层内,相邻石块应错缝砌筑,不得存在顺流向通缝,上下相邻砌筑的石块,也应错缝搭接,避免竖向通缝。必要时,可每隔一定距离立置丁石。

⑥雨天施工不得使用过湿的石块,以免细石混凝土或砂浆流淌,影响砌体的质量,并做好表面的保护工作。如没有做好防雨棚,降雨量大于5mm时,应停止砌筑作业。

(三)砌筑

(1)砂浆必须要有试验配合比,强度须满足设计要求,且应有试块试验报告,试块应在砌筑现场随机制取。

(2)砌筑前,应在砌体外将石料上的泥垢冲洗干净,砌筑时保持砌石表面湿润。

(3)砌筑因故停顿,砂浆已超过初凝时间,应待砂浆强度达到设计强度后才可继续施工;在继续砌筑前,应将原砌体表面的浮渣清除;砌筑时应避免震动下层砌体。

(4)勾缝砂浆标号应高于砌体砂浆;应按实有砌缝勾平缝,严禁勾假缝、凸缝;勾缝密实,黏结牢

固,墙面洁净。

(5)砌石体应采用铺浆法砌筑,砂灰浆厚度应为20~50mm,当气温变化时,应适当调整。

(6)采用浆砌法砌筑的砌石体转角处和交接处应同时砌筑,对不同时砌筑的面,必须留置临时间断处,并应砌成斜槎。

(7)砌石体尺寸和位置的允许偏差,不应超过有关的规定。

(8)砌筑基础的第一皮石块应坐浆,且将大面朝下。

(四)砌石表面勾缝

(1)勾缝砂浆采用细砂,用较小的水灰比,采用425号水泥拌制砂浆。灰砂比控制在1:1~1:2。

(2)清缝在料石砌筑24h后进行,缝宽不小于砌缝宽度,缝深不小于缝宽的2倍。

(3)勾缝前必须将槽缝冲洗干净,不得残留灰渣和积水,并保持缝面湿润。

(4)勾缝砂浆必须单独拌制,严禁与砌石体砂浆混用。

(5)拌制好的砂浆向缝内分几次填充并用力压实,直到与表面平齐,然后抹光。砂浆初凝后砌体不得扰动。

(6)勾缝表面与块石应自然接缝,力求美观、匀称,砌体表面溅上的砂浆要清除干净。

(7)当勾缝完成和砂浆初凝后,砌体表面应刷洗干净,至少用浸湿物覆盖保持21d,在养护期间应经常洒水,使砌体保持湿润,避免碰撞和振动。

(五)养护

砌体外露面,在砌筑后12~18h应及时养护,经常保持外露面的湿润。养护时间:水泥砂浆砌体一般为14d,混凝土砌体为21d。

YLB04混凝土溢流坝(岩基)平面布置图
1:100

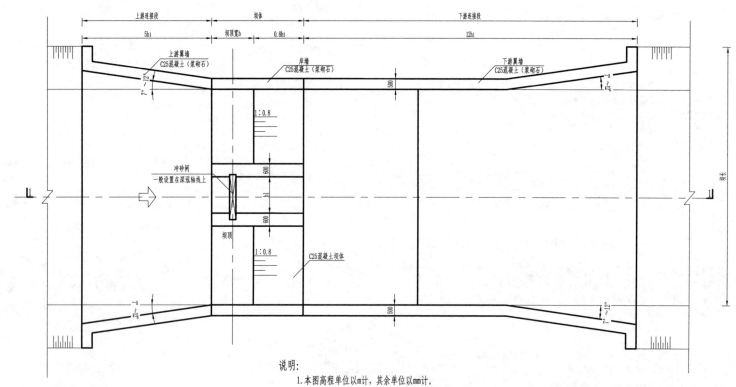

溢流坝断面尺寸参考表

设计单宽流量 (m²/s)	坝体尺寸	
	挡水高h₁(m)	坝顶宽b(m)
<1	<1	1.5
	1~3	1.5~2
1~3	<1	1.5~2
	1~3	1.5~2

代号	处理方案	适用条件
YLB04	混凝土溢流坝 (斜坡式)	新建溢流坝,坝体座落于不透水岩基,下游 河床岩石抗冲能力足够

说明:

1. 本图高程单位以m计,其余单位以mm计。
2. 河坝工程由上游连接段、坝体、下游连接段3部分组成,灌溉河坝一般在上游设有引水渠或泵站,本部分不做具体设计。
3. 坝长、冲砂闸孔数及宽度b₁根据实际情况确定,挡水高度h₁以能满足上游引水渠或泵站取水要求确定。
4. 如果河坝所在位置两岸有行人要求,坝顶可增设人行桥,人行桥设计详见人行桥设计图。
5. 河坝施工工艺流程: 施工围堰(截流)→施工导流→坝基基础开挖→坝体混凝土浇筑→消力池浇筑→翼墙及岸墙施工→干砌石海漫等施工。
6. 围堰施工: 河坝工程上、下游围堰采用土石围堰结构形式,围堰顶宽取1.5~2.0m,迎水面采用黏土斜墙防渗,堰基采用黏土截水齿槽防渗,围堰迎水面坡比1:2.0,背水面坡比1:1.5,围堰迎水面采用块石护坡,必要时可铺设复合土工膜防渗。
7. 混凝土施工: 详情见图HB-04。
8. 素混凝土强度等级为C25,钢筋混凝土强度等级不低于C25,水灰比不大于0.6,混凝土抗渗等级一般为W2,其中,河坝挡水面取W4。

湖南省农村小型水利工程典型设计图集 河坝工程分册		
图名	混凝土溢流坝(岩基)平面布置图	图号 HB-10

YLB04溢流坝(岩基)纵剖视图(1—1)
1:100

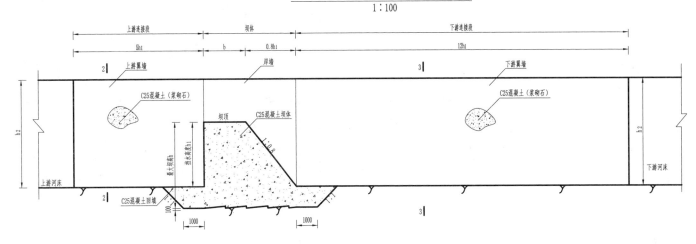

2—2(3—3)剖面图
1:100

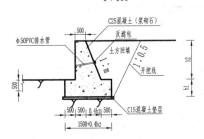

伸缩缝大样图
1:10

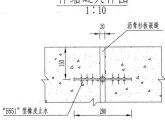

说明:
1. 本图高程单位以m计,其余单位以mm计。
2. 当溢流坝坐落于不透水岩基时,坝体可建在弱风化中部至上部基岩上,上游不设黏土铺盖;当下游河床岩石抗冲能力足够,坝后不设消力池、海漫、防冲槽等消能防冲设施,挡墙高度h₂根据实际情况确定。
3. 挡墙混凝土强度等级C25,每隔10m设一道伸缩缝;素混凝土强度等级为C25,钢筋混凝土强度等级不低于C25,水灰比不大于0.6;混凝土抗渗等级一般为W2,其中,河坝挡水面取W4。
4. 挡墙墙身设φ50PVC排水管,排水坡比5%,间距2.0m,管末端设反滤包。
5. 挡土墙设计具体数值参照《水工挡土墙设计规范》执行;挡土墙的材料和结构可结合实际情况选取不同的形式。
6. 施工工艺见图HB-04。
7. 其他未尽事宜参照相关规范执行。

湖南省农村小型水利工程典型设计图集	河坝工程分册	
图名	混凝土溢流坝(岩基)剖面图	图号 HB-11

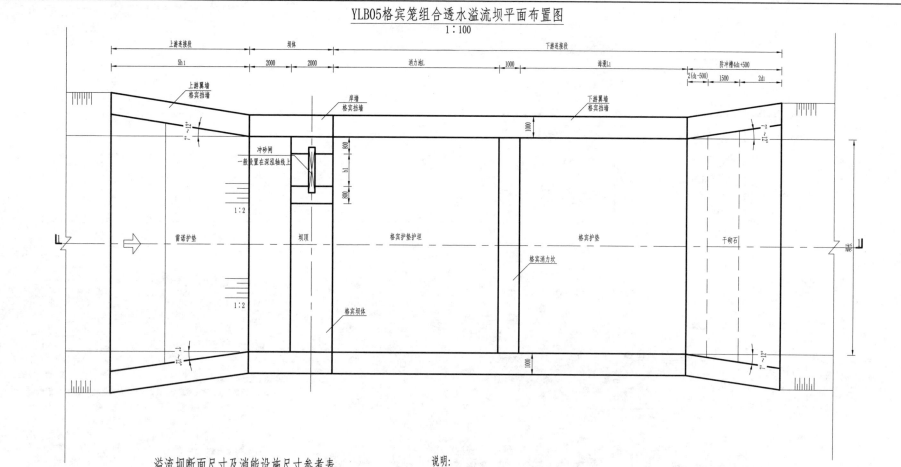

YLB05格宾笼组合透水溢流坝平面布置图
1：100

溢流坝断面尺寸及消能设施尺寸参考表

设计单宽流量 (m³/s)	坝体尺寸		消力池尺寸			海漫及防冲槽尺寸	
	挡水高h₁ (m)	坝顶宽b (m)	池长L (m)	池深d (m)	护坦厚δ (m)	海漫长L₁(m)	防冲槽深d₁(m)
<1	<1	2.0	<2.0	<0.3	0.5	<8	<0.6
	1~3	2.0	2.0~4.0	0.3~0.5	0.5~0.6	8~11	0.6~0.8
1~3	<1	2.0	2.0~4.0	0.3~0.5	0.5~0.6	8~11	0.6~0.8
	1~3	2.0	4.0~6.0	0.5~0.8	0.6~0.7	11~18	0.8~1.0

代号	处理方案	适用条件
YLB05	格宾笼组合透水溢流坝	新建溢流坝，坝体座落于透水土基上，有生态要求

说明:
1. 本图高程单位以m计，其余单位以mm计。
2. 河坝工程由上游连接段、坝体、下游连接段3部分组成，灌溉河坝一般在上游设有引水渠或泵站，本部分不做具体设计。
3. 坝长、冲砂闸孔数及宽度b₁根据实际情况确定，挡水高度h₁以能满足上游引水渠或泵站取水要求确定。
4. 如果河坝所在位置两岸有行人要求，坝顶可增设人行桥，人行桥设计详见人行桥设计图。
5. 河坝施工工艺流程：施工围堰(截流)→施工导流→坝基基础开挖→坝体施工→消力池施工→翼墙及岸墙施工→干砌石海漫等施工。
6. 围堰施工：河坝工程上、下游围堰采用土石围堰结构形式。围堰顶宽取1.5~2.0m，迎水面采用黏土斜墙防渗，堰基采用黏土截水齿槽防渗，围堰迎水面坡比1：2.0，背水面坡比1：1.5，围堰迎水面采用块石护坡，必要时可铺设复合土工膜防渗。
7. 雷诺护垫及格宾挡墙施工详情见图HB-17。

湖南省农村小型水利工程典型设计图集　河坝工程分册

| 图名 | 格宾笼组合透水溢流坝平面布置图 | 图号 | HB-12 |

YLB05格宾笼组合透水溢流坝纵剖视图(1—1)

1:100

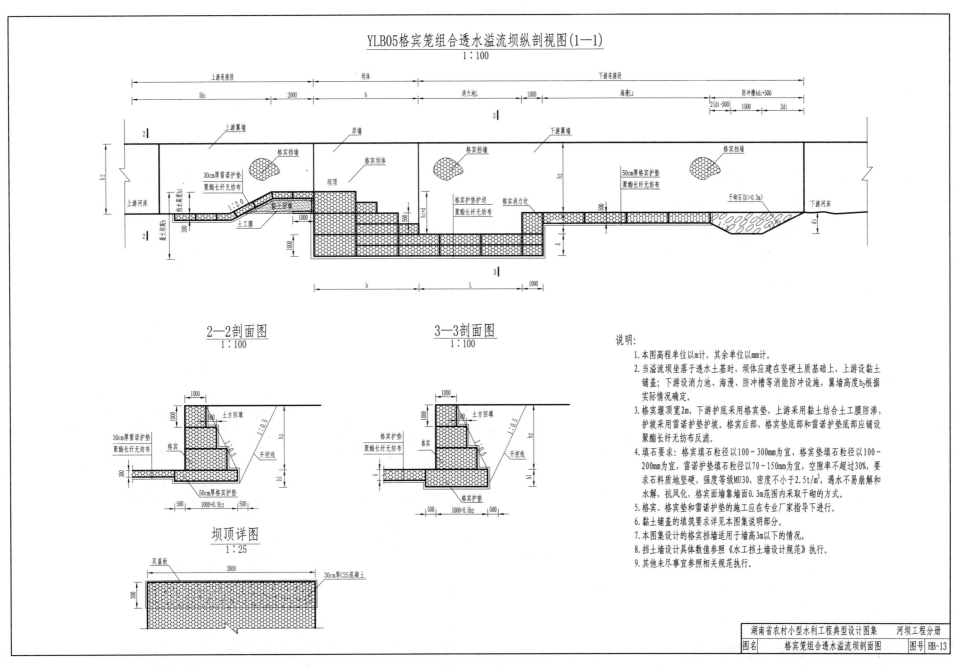

2—2剖面图
1:100

3—3剖面图
1:100

坝顶详图
1:25

说明:
1. 本图高程单位以m计,其余单位以mm计。
2. 当溢流坝坐落于透水土基时,坝体应建在坚硬土质基础上,上游设黏土铺盖;下游设消力池、海漫、防冲槽等消能防冲设施,翼墙高度h₂根据实际情况确定。
3. 格宾堰顶宽2m,下游护底采用格宾垫,上游采用黏土结合土工膜防渗,护坡采用雷诺护垫护坡。格宾后部、格宾垫底部和雷诺护垫底部应铺设聚酯长纤无纺布反滤。
4. 填石要求:格宾填石粒径以100～300mm为宜,格宾垫填石粒径以100～200mm为宜,雷诺护垫填石粒径以70～150mm为宜,空隙率不超过30%,要求石料质地坚硬,强度等级MU30,密度不小于2.5t/m³,遇水不易崩解和水解、抗风化,格宾面墙靠墙面0.3m范围内采取干砌的方式。
5. 格宾、格宾垫和雷诺护垫的施工应在专业厂家指导下进行。
6. 黏土铺盖的填筑要求详见本图集说明部分。
7. 本图集设计的格宾挡墙适用于墙高3m以下的情况。
8. 挡土墙设计具体数值参照《水工挡土墙设计规范》执行。
9. 其他未尽事宜参照相关规范执行。

湖南省农村小型水利工程典型设计图集		河坝工程分册	
图名	格宾笼组合透水溢流坝剖面图	图号	HB-13

镀高尔凡格细部构件图

格宾结构示意图

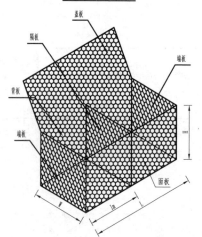
盖板
隔板
端板
背板
端板
面板

网孔示意图

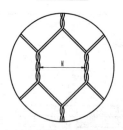

M值取不少于10个连续网孔双绞合轴线距离的平均值

网面示意图

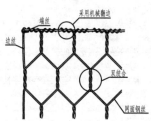
端丝
采用机械翻边
边丝
双绞合
网面钢丝

绞边示意图

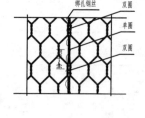
绑扎钢丝
双圈
单圈
双圈

C型钉连接示意图

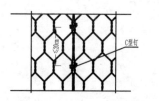
C型钉

格宾技术参数表

网箱规格要求	产品名称	L=长度(m)	W=宽度(m)	H=高度(m)	隔板数(个)
	格宾/GFP	1.5/2	1	1	0/1

注：G2×1×1 GFP，长度2m，宽度1m，高度1m的覆高耐磨有机涂层网面格宾。长度、宽度、高度允许偏差±5%

网孔规格要求	网孔型号	M(mm)	公差(mm)	网面钢丝(mm)
	M8	80	-0/+10	2.7/3.7

钢丝及镀层要求	钢丝类型	网面钢丝	边丝	端丝	绑扎钢丝
	钢丝直径(mm)	2.7/3.7	3.4/4.4	3.4/4.4	2.0/3.0
	金属镀层克重(g/m²)	≥233	≥252	≥252	≥205
	金属镀层铝含量(%)	≥4.2			
	有机涂层冲击脆化温度(℃)	≤-35			
	耐磨性能	参照JB/T 10696.6—2007的实验方法，对钢丝施加20N的垂直作用力，在刮磨100000次后，有机涂层不应破损			

注：
1）用于编织网面的原材料钢丝应符合YB/T 4221—2016《工程机编织网用钢丝》的要求；
2）表中钢丝直径分别为编织前原材料钢丝覆有机涂层之前和之后的钢丝直径；
3）有机涂层冲击脆化温度为有机涂层原材料指标，依据GB/T 5470—2008的实验方法；
4）金属镀层克重和铝含量均为编织后的成品指标，依据GB/T 1839和YB/T 4221—2016中附录A规定方法进行检测。

力学性能要求	网面标称拉伸强度(kN/m)	42
	网面标称翻边强度(kN/m)	35
	C型钉最小拉开拉力值(kN)	≥2

产品钢丝外覆高耐磨有机涂层时，应取样进行拉伸试验，当对网面试件加载50%的网面标称拉伸强度荷载时，双绞合区域有机涂层不应出现破裂情况。

说明：

1. 格宾是采用六边形双绞合钢丝网制作而成的一种网箱结构，网面由覆高耐磨有机涂层低碳钢丝通过机器编织而成，符合YB/T 4190—2018的要求。格宾相关技术要求详见《格宾技术参数表》，格宾垂直于水平面的网面应采用竖向网孔的形式。

2. 格宾在工程现场组装后，应用于河岸衬砌、堰体和挡土墙等侵蚀控制或支挡防护工程，具有柔性、透水性、整体性和生态性等特点。

3. 力学要求：网面标称抗拉强度和网面标称翻边强度应满足《格宾技术参数表》中的要求，实验方法依据YB/T 4190—2018。网面裁剪后末端与端丝的连接处是整个结构的薄弱环节，应采用专业的翻边机将网面钢丝缠绕在端丝上，不得采用手工绞，供货厂家应提供由中国国家认证认可监督管理委员会认证的检测单位出具的网面拉伸强度和网面翻边强度检测报告。

4. 耐久性要求：有机涂层原材料应进行抗UV性能测试，测试时经过氙弧灯(GB/T 16422.2)照射4000h或I型荧光紫外灯按暴露方式I(GB/T 16422.3)照射2500h后，其延伸率和抗拉强度变化范围，不得大于初始值的25%。供货厂家应提供由中国国家认证认可监督管理委员会认证的检测单位出具的抗UV性能测试报告。

5. 连接工艺可采用绑扎钢丝连接或C型钉连接，详见图示；绑扎钢丝的材质与力学性能指标应与网面钢丝一致；C型钉由不锈钢丝制成，最小拉开拉力值满足《格宾技术参数表》中的要求，依据YB/T 4190—2018中附录C规定方法进行检测。

6. 格宾的安装应在专业厂家技术人员的指导下完成。

湖南省农村小型水利工程典型设计图集	河坝工程分册	
图名	镀高尔凡格宾细部构件图	图号 HB-14

覆高耐磨有机涂层雷诺护垫细部构件图

雷诺护垫结构示意图

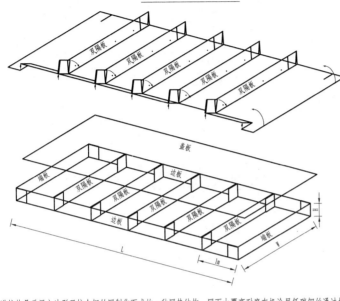

网孔示意图

M值取不少于10个连续网孔双绞合轴线距离的平均值。

双隔板细部图

雷诺护垫技术参数表

<table>
<tr><td rowspan="2">网垫规格要求</td><td>产品名称</td><td>L=长度
(m)</td><td>W=宽度
(m)</td><td>H=高度
(m)</td><td>隔板数
(个)</td></tr>
<tr><td>雷诺护垫/GFP</td><td>3/4/5/6</td><td>3</td><td>0.17/0.23/0.3</td><td>2/3/4/5</td></tr>
<tr><td colspan="6">注：CM6×3×0.17 GFP，长度6m，宽度3m，高度0.17m的镀高尔凡覆高耐磨有机涂层雷诺护垫。长度、宽度允许偏差±5%，高度允许偏差±2.5cm</td></tr>
<tr><td rowspan="2">网孔规格要求</td><td>网孔型号</td><td>M(mm)</td><td>公差(mm)</td><td colspan="2">网面钢丝(mm)</td></tr>
<tr><td>M6</td><td>60</td><td>-0/+8</td><td colspan="2">2.0/3.0</td></tr>
<tr><td rowspan="5">钢丝及镀层要求</td><td>钢丝类型</td><td>网面钢丝</td><td>边丝</td><td>端丝</td><td>绑扎钢丝</td></tr>
<tr><td>钢丝直径(mm)</td><td>2.0/3.0</td><td>2.4/3.4</td><td>2.7/3.7</td><td>2.0/3.0</td></tr>
<tr><td>金属镀层克重(g/m²)</td><td>≥205</td><td>≥219</td><td>≥233</td><td>≥205</td></tr>
<tr><td>金属镀层铝含量(%)</td><td colspan="4">≥4.2</td></tr>
<tr><td>有机涂层冲击脆化温度(℃)</td><td colspan="4">≤-35</td></tr>
<tr><td></td><td>耐磨性能</td><td colspan="4">参照JB/T 10696.6—2007的实验方法，对钢丝施加20N的垂直作用力，在刮磨100000次后，有机涂层不应有破损</td></tr>
<tr><td colspan="6">注：1）用于编织网面的原材料钢丝应符合YB/T4221—2016《工程机编钢丝网用钢丝》的要求；
2）表中钢丝直径分别为编织前原材料钢丝覆有机涂层之前和之后的钢丝直径；
3）有机涂层冲击脆化温度为有机涂层原材料指标，依据GB/T 5470—2008的实验方法；
4）金属镀层克重和铝含量均为编织后的成品指标，依据GB/T 1839和YB/T4221—2016中附录A规定方法进行检测。</td></tr>
<tr><td rowspan="3">力学性能要求</td><td colspan="3">网面标称拉伸强度(kN/m)</td><td colspan="2">28</td></tr>
<tr><td colspan="3">网面标称翻边强度(kN/m)</td><td colspan="2">21</td></tr>
<tr><td colspan="3">C型钉最小拉开拉力值(kN)</td><td colspan="2">≥2</td></tr>
<tr><td colspan="6">产品钢丝外覆高耐磨有机涂层时，应取样进行拉伸试验，当对网面试件加载50%的网面标称拉伸强度荷载时，双绞合区域有机涂层不应出现破裂情况</td></tr>
</table>

说明：

1. 雷诺护垫是采用六边形双绞合钢丝网制作而成的一种网垫结构，网面由覆高耐磨有机涂层低碳钢丝通过机器编织而成，符合YB/T 4190—2018的要求。雷诺护垫相关技术要求详见《雷诺护垫技术参数表》。

2. 双隔板雷诺护垫沿长度方向每间隔约1m采用双隔板隔成独立的单元，雷诺护垫为一次成型生产，除盖板外，边板、端板、隔板及底板由一张连续不裁断的网面组成，不可采用独立的双层折叠网面通过绞合在底板上作为双隔板。

3. 雷诺护垫在工程现场组装后，应用于河岸防护、渠道衬砌等侵蚀控制工程，具有柔性、透水性、整体性和生态性等特点。

4. 力学要求：网面标称抗拉强度和网面标称翻边强度应满足《雷诺护垫技术参数表》中的要求，实验方法依据YB/T 4190—2018。网面裁剪后末端与端丝的连接处是整个结构的薄弱环节，应采用专业的翻边机将网面钢丝缠绕在端丝上，不得采用手工绞，供货厂家应提供由中国国家认证认可监督管理委员会认证的检测单位出具的网面抗拉强度和网面翻边强度检测报告。

5. 耐久性要求：有机涂层原材料应进行抗UV性能测试，测试时经过氙弧灯(GB/T 16422.2)照射4000h或I型荧光紫外灯按暴露方式1(GB/T 16422.3)照射2500h后，其延伸率和抗拉强度变化范围，不得大于初始值的25%。供货厂家应提供由中国国家认证认可监督管理委员会认证的检测单位出具的抗UV性能测试报告。

6. 连接工艺可采用绑扎钢丝连接或C型钉连接，详见图示；绑扎钢丝的材质与力学性能指标应与网面钢丝一致；C型钉由不锈钢钢丝制成，最小拉开拉力值满足《雷诺护垫技术参数表》中的要求，依据YB/T 4190—2018中附录C规定方法进行检测。

7. 雷诺护垫的安装应在专业厂家技术人员的指导下完成。

网面示意图

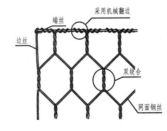

C型钉连接示意图

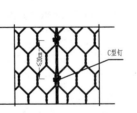

绞边示意图

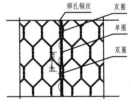

加筋麦克垫护坡平面布置图

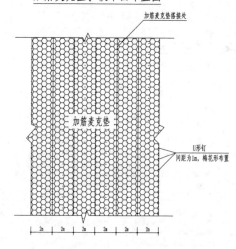

加筋麦克垫搭接处

加筋麦克垫

U形钉
间距为1m,梅花形布置

2m 2m 2m 2m 2m 2m 2m 2m

加筋麦克垫细部构件图

U形钉示意图

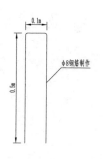

0.1m

0.3m

φ8钢筋制作

顶部锚固示意图

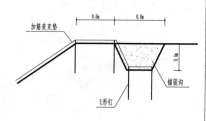

加筋麦克垫

0.6m 0.8m

锚固沟

U形钉

加筋麦克垫绿化示意图

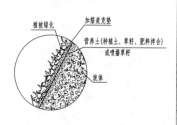

植被绿化

加筋麦克垫

营养土(种植土、草籽、肥料混合)
或喷播草籽

坡体

加筋麦克垫技术参数表

聚合物指标	聚合物类型		聚丙烯
	聚合物单位面积质量(g/m²)		450±45
加筋性能	类型		覆高耐磨有机涂层六边形双绞合钢丝网
	网孔型号		M8
	网孔尺寸(mm)		80 (-0/+10)
	网面钢丝直径(mm)		2.0
	金属镀层克重(g/m²)		≥205
	铝含量(%)		≥4.2
	有机涂层冲击脆化温度(℃)		≤-35
	耐磨性能		参照JB/T 10696.6—2007的实验方法,对钢丝施加20N的垂直作用力,在刮磨100000次后,有机涂层不应破损

注:1) 用于编织网面的原材料钢丝应符合YB/T 4221—2016《工程机编钢丝网用钢丝》的要求;
2) 表中钢丝直径分别为编织前原材料钢丝覆有机涂层之前和之后的钢丝直径;
3) 有机涂层冲击脆化温度为有机涂层原材料指标,依据GB/T 5470—2008的实验方法;
4) 金属镀层克重和铝含量均为编织后的成品指标,依据GB/T 1839和YB/T 4221—2016中附录A规定方法进行检测。

力学性能要求	加筋网面标称拉伸强度	(kN/m)	≥24
	聚合物剥离强度	(kN/m)	≥0.3

产品钢丝外覆高耐磨有机涂层时,应取样进行拉伸试验,当对网面试件加载50%的网面标称拉伸强度有载时,双绞合区域有机涂层不应出现破裂情况

物理特征	单位面积质量	(g/m²)	1200±200
	2kPa名义厚度	(mm)	12
	土工垫颜色		默认为黑色(另:绿色或棕色供选择)
	长度/卷	(m)	25(0/+1%)
	宽度/卷	(m)	2.0(±5%)

高性能生态基材

基本性能	保水能力	ATSM D7367	≥1400%
	覆盖系数	大规模测试 覆盖系数=处理后土壤流失/未处理土壤流失	≤0.01
	植被培养	ATSM D7322	≥600%
	生物毒性	EPA 2021.0	48-hr LC50 > 100%

成分比例	热处理木纤维	77%
	保湿剂	18%
	褶皱状人造可生物降解互锁纤维	2.5%
	矿物活化剂	2.5%

说明:

1. 加筋麦克垫要求:①加筋麦克垫结合了加筋麦克垫和高性能生态基材。加筋麦克垫能很好地抗侵蚀,使其具有边坡有更强的防冲刷结构,且能及时为边坡提供保护、为植被的根系提供永久加筋作用;高性能生态基材能加速植被的生长和根系的发育;②高性能生态基材为标准化生产的天然无害组合配方成品材料,现场拆包后,与植物种子混合后利用专业设备喷射施工,植物种子需根据当地情况选取,可选用麦冬草籽等,能在坡面形成一层均匀包裹种子的纤维植毯,具有改善土壤环境、覆盖、保温、保水、加速植物生长及壮根的功能,具体材料成分及参数要求详见高性能生态基材参数表;③U形钉采用φ8钢筋制作,梅花形布置,间距1m;④加筋麦克垫的施工请在专业厂家的指导下进行。

2. 营养土要求:①土壤需取样送至当地农科院土肥所进行检测,各项检测指标(如:容重、孔隙度、PH值及有机物含量)符合当地绿化用土要求。②土壤需与肥料按一定比例进行拌和处理。③土壤中不得含有杂草根系、垃圾及其他有害物质。

3. 草籽要求:①草籽应选用适应当地自然气候条件的植物种,供应商应提供合格检测证明。②选择优良合格种籽,播种前需做发芽试验和催芽处理,确定合理的播种量。③植物种子采用草本、灌木和花卉组合使用。

4. 施工及养护:①应选择植被生长季节进行,降雨期不宜进行绿化施工。②完工当天需覆盖无纺布覆盖洒水养护,待草长至5~6或2~3片叶时揭去无纺布。③养护用水各项指标需满足边坡绿化用水要求,可取样送当地农科院检测。④根据土壤肥力、湿度、天气及植被生长情况,酌情追施化肥并洒水养护,太阳大时,应在16点之后进行洒水养护。

5. 绿化验收。严格按照城市园林施工绿化验收相关规范执行。

湖南省农村小型水利工程典型设计图集		河坝工程分册
图名	加筋麦克垫细部构件图	图号 HB-16

雷诺、格宾、加筋麦克施工工艺

（一）雷诺护垫施工要求与流程

雷诺护垫是将低碳钢丝经机器编制而成的双绞合六边形金属网格组合的工程构件，在构件中填石，构成主要用于冲刷防护的结构。

填充物采用卵石、片石或块石，雷诺护垫要求石料粒径D70～150mm为宜，赛克格宾要求石料粒径D100～250mm为宜，空隙率不超过30%，要求石料质地坚硬，强度等级不小于MU30，密度不小于2.5t/m³，遇水不易崩解和水解，抗风化。薄片、条状等形状的石料不宜采用。风化岩石、泥岩等亦不得用作充填石料。

聚酯长纤无纺布PET10—4.5—200，标称断裂强度10kN/m，详细指标参照国标（GB/T 17639-2008）《长丝纺粘针刺非织造土工布》。

(1) 雷诺护坡施工按以下方法外，还应符合（SL260—2014）《堤防工程施工规范》的有关规定。

(2) 雷诺护坡施工工艺流程：
堤坡面平整，反滤料铺设，雷诺护垫组装，安装及填充，闭合盖子。

(3) 雷诺护坡施工方法及技术要求

1) 堤坡面平整。坡面用反铲式挖掘机开挖成形，再进行人工修整，对于个别低洼部位，采用与基面相同的土料填平、压实，达到设计要求，提面坡比不小于1:1.5。表面土质合格，坡面平整，无松土、无弹簧土，干密度达到设计要求。

2) 雷诺护垫组装。
①将雷诺护垫单元放在坚硬、平整的地面，将其打开，沿折叠处展开，并压出初始形状。雷诺护垫采用机编双绞合六边形金属网面结构，其单元规格的宽度为1～2m，高度为0.17m。
②将面板、背板和侧板交叠，组成一个开口箱体，端板也应竖立，同时将端板长出部分与侧板交叠。
③雷诺护垫在组装后，侧面，尾部和间隔都应竖立，并确保所有的折痕都在正确的位置，每个边的顶部都水平。最后用绞合钢丝把雷诺护垫的边连接。

3) 安装及填充。
①安装：组装完成后，将护垫放在设计位置，并将相邻的护垫用绞合钢丝牢固地绞合起来，为了结构的完整性，应将所有相邻的未填充的单元箱接触面的边缘，用绞合钢丝或钢环连接起来，使之成为一个整体。
②填充：雷诺护垫可以采用符合粒径要求的鹅卵石或块石来填充。填充石头需要坚硬且不易风化，石头粒径应在75～150mm。填充石料由备料场运至提顶，然后通过挖掘机进行填石。
③闭合盖子。对雷诺护垫封盖施工前，需对装填时造成弯曲的隔板进行校正，对已装填的石头进行平整。最终确保所有横向、纵向边缘在同一直线上，坡面平整，不存在凹陷、凸起现象；铺上盖板，用剪好的1.3m长的钢丝将盖子边缘与边板边缘、盖板与隔板上边缘绞合在一起。

（二）格宾挡墙施工要求与流程

格宾是将由低碳钢丝经机器编制而成的双绞合六边形金属网格构件中填充石料，构成主要用于支挡防护的结构。

格宾填充物采用卵石、片石或块石。格宾石料粒径以D100～300mm为宜，格宾垫石料粒径以D100～250mm为宜，空隙率不超过30%。要求石料质地坚硬，强度等级≥MU30，遇水不易崩解和水解，抗风化。薄片、条状等形状的石料不宜采用。风化岩石、泥岩等亦不得用作充填石料。格宾靠墙面30cm范围内采取干砌的方式。

格宾挡墙施工方法及注意事项：
(1) 地基处理。把施工地进行平整处理，清除杂物。
(2) 格宾石笼展开。将折叠的格宾石笼网箱从捆束中取出，展开至预定尺寸。
(3) 格宾石笼组装。格宾石笼是由厂家组装的半成品，展开后需用绑扎丝进行连接绑扎。格宾石笼组装、扣紧程序：内隔板应垂直放置并应与格宾石笼面板绑扎、绞合，格宾笼（铅丝笼）间应绑扎、绞合。
(4) 格宾石笼填充。装组装好的格宾石笼放置到合适位置，然后装填石料。装填可采用机器 人工的方式，石料应符合相关要求。
(5) 封盖。石料装填完成后，进行封盖。如果有需要，可在其表面覆上一层土洒上草籽。

（三）加筋麦克垫施工要求与流程

加筋麦克垫施工方法及注意事项：
(1) 场地准备、清理。采用挖掘机修整坡面，清除坡面的突岩和灌木等杂物，并在低注处补填土、压实、人工平整坡面，人工铺设土工布，接缝处搭接长度不小于50cm。坡体表面保持2.5～5cm厚松散土层，以利于草籽快速生长。
(2) 植草准备。麦克加筋垫用于控制侵蚀，在铺设麦克垫前，先在土壤上种植施肥或铺设完成后进行播种；若麦克垫用于植被加固，则在麦克垫铺设完成后，覆盖表土并播种（或喷种）。
(3) 铺麦克加筋垫。一般采用与水流方向平行铺设，当要将麦克加筋垫与水流方向垂直设计时，则需要保证两垫之间的搭接宽度（一般不小于8cm）同时要保证上游垫铺在下游垫之上。麦克加筋垫具有粗糙、平滑两面，将平滑面置于表土接触，沿坡面自上而下铺设。使用φ8钢筋做成U形金属锚钉将麦克垫固定在坡面，锚钉间距为1m，钉入坡面以下50cm深。锚钉穿过钢丝网格锚固于地面，且与地面齐平，以提供的抗拔出力保持坡稳定。
(4) 锚固沟施工。将麦克加筋垫沿坡面简单折叠即可将其固定于地面，对于易侵蚀土壤，宜开挖一个距坡边缘0.6～1m，30cm深，1m宽的沟，将麦克加筋垫沿沟底进行锚固。
(5) 锚固间距与交叠。锚固间距为沿坡顶边缘1m，沿距坡边缘0.6～1.0m的锚固沟底布置锚钉；对于坡为1:1或更平缓的边坡及渠道护砌，在与坡面垂直方向，锚固间距采用1m；在与坡角平行方向，则以1.2m布置。麦克加筋垫边缘应至少有8cm的交叠，并将交叠部分锚固。若是麦克加筋垫且相邻两垫卷由锚固钉连接，或对于渠道衬里，由钢环连接，则能提供牢固紧密的连接，而无需交叠。
(6) 坡面绿化。在撒种植土之前要将坡面进行清理，清除杂物。采用人工铺种植土，麦克加筋垫上撒种植土厚度为1～2cm。种植土铺撒好后，喷撒草种，然后立即覆土2～4mm，盖上无纺布防护。坡面禁止行驶机械，及时浇水养护。

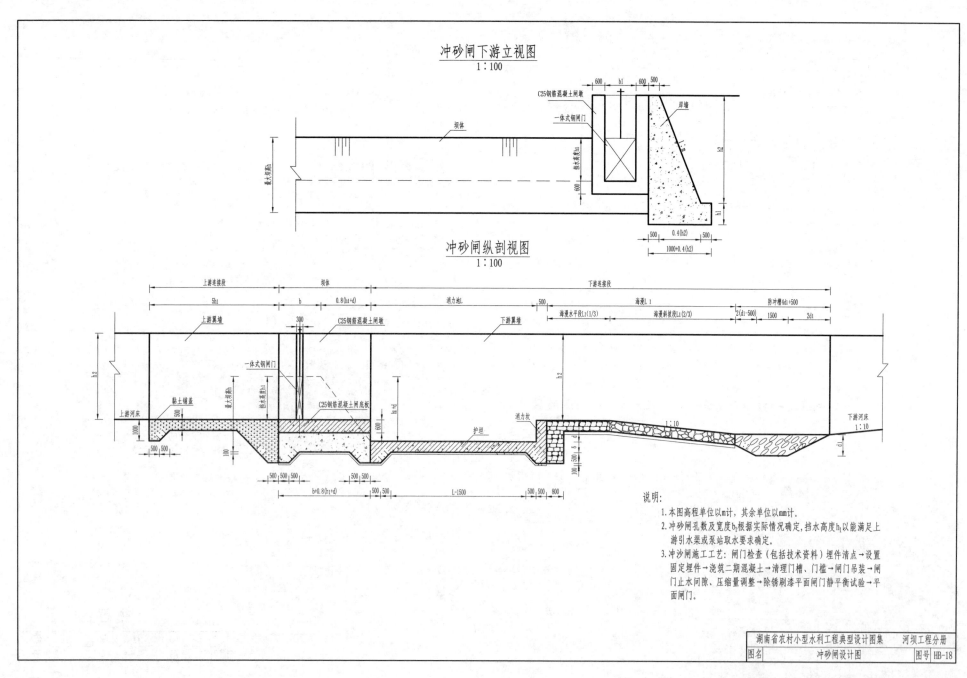

冲砂闸下游立视图
1:100

600 | b1 | 600 | 500

C25钢筋混凝土闸墩

一体式钢闸门

坝体

岸墙

最大水深h

挡水高度h1

600

500 | 0.4(h2) | 500

1000+0.4(h2)

冲砂闸纵剖视图
1:100

上游连接段 | 坝体 | 下游连接段

5h1 | b | 0.8(h1+d) | 消力池L | 500 | 海漫L 1 | 防冲槽4d1+500

海漫水平段L1(1/3) | 海漫斜坡段L1(2/3) | 2(d1-500) | 1500 | 2d1

上游翼墙

300

C25钢筋混凝土闸墩

下游翼墙

一体式钢闸门

C25钢筋混凝土闸底板

h2

最大水深h

挡水高度h1

h1+d

消力坎

黏土铺盖

上游河床

500

1000

500 | 500

100

500|500|500 | 500 | 500

b+0.8(h1+d) | 500 | 500 | L-1500 | 500 | 500 | 800

护坦

600

100|300

100|300|d

1:10

下游河床

1:10

d1

说明:

1. 本图高程单位以m计,其余单位以mm计。

2. 冲砂闸孔数及宽度b1根据实际情况确定,挡水高度h1以能满足上游引水渠或泵站取水要求确定。

3. 冲沙闸施工工艺:闸门检查(包括技术资料)埋件清点→设置固定埋件→浇筑二期混凝土→清理门槽、门槛→闸门吊装→闸门止水间隙、压缩量调整→除锈刷漆平面闸门静平衡试验→平面闸门。

湖南省农村小型水利工程典型设计图集		河坝工程分册
图名	冲砂闸设计图	图号 HB-18

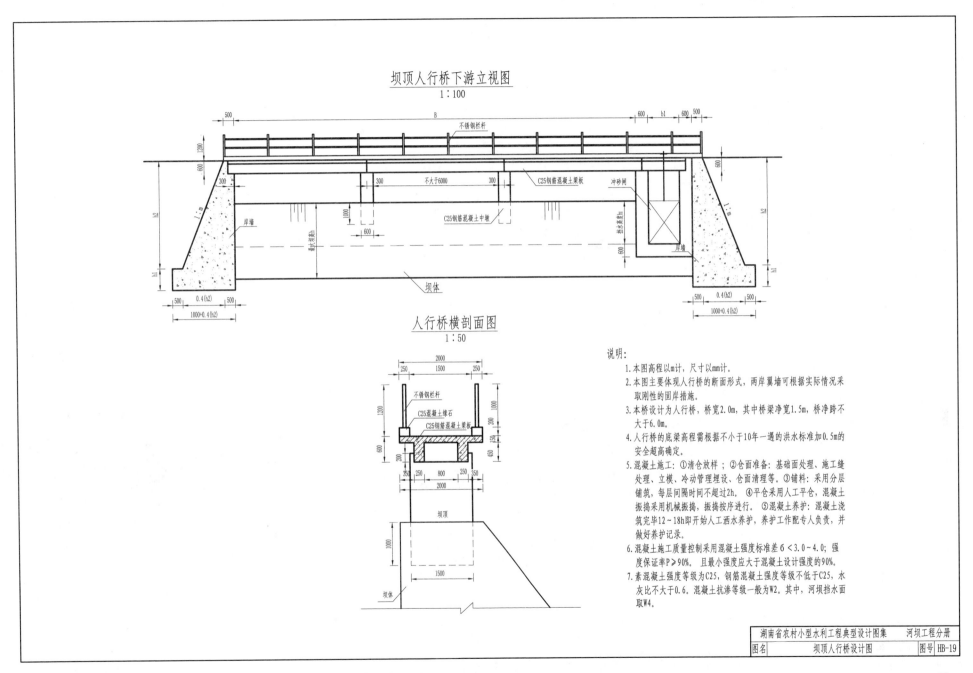

坝顶人行桥下游立视图
1:100

不锈钢栏杆

C25钢筋混凝土梁板

冲砂闸

C25钢筋混凝土中墩

岸墙

岸墙

坝体

人行桥横剖面图
1:50

不锈钢栏杆

C25混凝土缘石

C25钢筋混凝土梁板

坝顶

坝体

说明:
1. 本图高程以m计,尺寸以mm计。
2. 本图主要体现人行桥的断面形式,两岸翼墙可根据实际情况采取刚性的固岸措施。
3. 本桥设计为人行桥,桥宽2.0m,其中桥梁净宽1.5m,桥净跨不大于6.0m。
4. 人行桥的底梁高程需根据不小于10年一遇的洪水标准加0.5m的安全超高确定。
5. 混凝土施工:①清仓放样;②仓面准备:基础面处理、施工缝处理、立模、冷动管理埋设、仓面清理等。③铺料:采用分层铺筑,每层间隔时间不超过2h。④平仓采用人工平仓,混凝土振捣采用机械振捣,振捣按序进行。⑤混凝土养护:混凝土浇筑完毕12~18h即开始人工洒水养护,养护工作配专人负责,并做好养护记录。
6. 混凝土施工质量控制采用混凝土强度标准差6<3.0~4.0;强度保证率P≥90%。且最小强度应大于混凝土设计强度的90%。
7. 素混凝土强度等级为C25,钢筋混凝土强度等级不低于C25,水灰比不大于0.6。混凝土抗渗等级一般为W2。其中,河坝挡水面取W4。

第三部分

雨水集蓄工程

1　范围

雨水集蓄工程包括工程系统分类、工程设计及水池设计 3 部分。

2　本图集主要引用的法律法规及规程规范

2.1　《图集》主要引用的法律法规

《中华人民共和国水法》

《中华人民共和国安全生产法》

《中华人民共和国环境保护法》

《中华人民共和国节约能源法》

《中华人民共和国消防法》

《中华人民共和国水土保持法》

《农田水利条例》(中华人民共和国国务院令第 669 号)

注：《图集》引用的法律法规，未注明日期的，其最新版本适用于《图集》。

2.2　《图集》主要引用的规程规范

SL 56—2013　农村水利技术术语

SZDBZ 49—2011　雨水利用工程技术规范

SL 191—2008　水工混凝土结构设计规范

GB 50010—2010（2015 版）混凝土结构设计规范

GB 50003—2011　砌体结构设计规范

GB 50203—2011　砌体结构工程施工质量验收规范

SL 303—2017　水利水电工程施工组织设计规范

SL 223—2008　水利水电建设工程验收规程

SL 73.1—2013　水利水电工程制图标准基础制图

GB/T 18229—2000　CAD 工程制图规则

注：《图集》引用的规程规范，凡是注日期的，仅所注日期的版本适用于《图集》；凡是未注日期的，其最新版本（包括所有的修改单）适用于《图集》。

3　术语和定义

3.1　雨水蓄集工程

对降雨进行收集、汇流、存储和进行节水灌溉的一套系统。一般由集雨系统、输水系统、蓄水系统和灌溉系统组成。

3.2　集雨系统

收集雨水的集雨场地。首先应考虑具有一定产流面积的地方作为集雨场，没有天然条件的地方，则需人工修建集雨场。为了提高集流效率，减少渗漏损失，要用不透水物质或防渗材料对集雨场表面进行防渗处理。

3.3　输水系统

输水沟（渠）和截流沟。其作用是将集雨场上的来水汇集起来，引入沉砂池,而后流入蓄水系统。要根据各地的地形条件、防渗材料的种类以及经济条件等,因地制宜地进行规划布置。

3.4 蓄水系统

包括蓄水体及其附属设施。其作用是存储雨水。

3.5 水窖

在干旱、半干旱地区土层较厚的山塬地下挖成井形,用于贮存地表径流,解决人畜用水、农田灌溉用水的一种坡面水土保持工程设施,又称旱井。水窖常修建于水源缺乏、水土流失严重的地方,是坡面蓄水保土的重要设施。中国山区修筑水窖历史悠久,20世纪90年代发展更快,群众称之为"甘露工程"。

4 一般要求

4.1 集雨区应选择在具有足够产流量、生态环境较好的区域。

4.2 为保证集雨系统正常工作,在输水管末端设置具有足够容积的沉砂池,并增设必要的冲砂设施和积沙渣场。

4.3 安全文明施工

4.3.1 在施工时应加强安全措施,按有关规定设立各种安全标志牌、警告牌、照明装置等。

4.3.2 恶劣天气严禁室外施工作业,各种棚架、构筑物和机械设备应有对应安全措施。

4.3.3 现场文明施工,材料、机具的堆放,力求整齐合理,场内无污水、积水。工程施工期间应维护好施工现场原有建筑设施的结构安全,施工污水、泥浆、垃圾,严禁向河里排放。

4.3.4 严格按照各级政府有关安全文明施工的要求,做好其他各项工作。

5 图集代号一览表

代号	名称
YSJX	雨水集蓄
XT	系统
YSJL	雨水集流
SJMM	砂浆抹面水窖
HNT	混凝土水窖
SM	塑膜防渗水窖
HJN	红胶泥防渗水窖

庭院雨水利用工程系统图

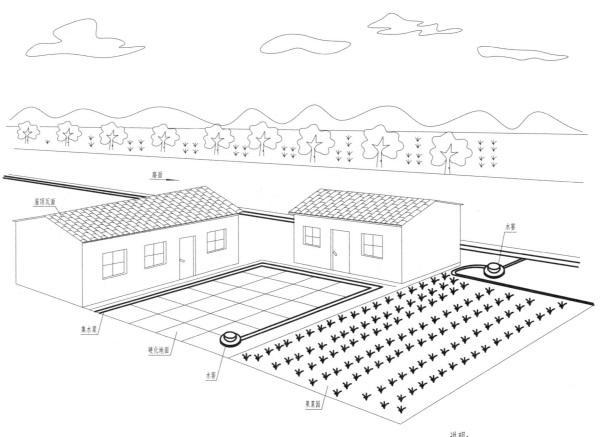

路面

屋顶瓦面

水窖

水窖

集水渠

硬化地面

果菜园

说明:
1. 窖址选择原则: 本着有利于雨水集蓄、汇集,方便取水的原则。
2. 本图适用于利用瓦屋面、院心或晒场作为集雨场,窖址选择在房前或屋后靠厨房,雨水汇集窖蓄,解决干旱季节人畜饮水困难。
3. 本图为典型庭院雨水利用工程系统图,仅做参考。

湖南省农村小型水利工程典型设计图集　雨水集蓄工程分册

图名	庭院雨水利用工程系统图	图号	YSJX-XT-01

雨水利用公路集流系统图（YSJL01）

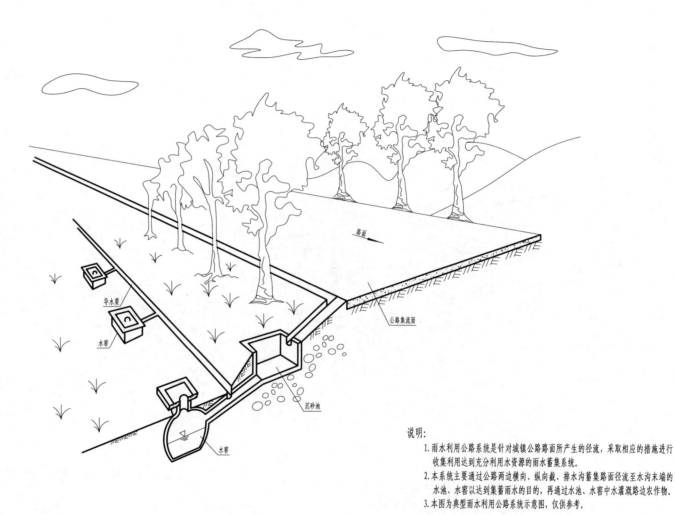

导水渠

水窖

沉砂池

水窖

路面

公路集流面

说明:
1. 雨水利用公路系统是针对城镇公路路面所产生的径流，采取相应的措施进行收集利用达到充分利用水资源的雨水蓄集系统。
2. 本系统主要通过公路两边横向、纵向截、排水沟蓄集路面径流至水沟末端的水池、水窖以达到集蓄雨水的目的，再通过水池、水窖中水灌溉路边农作物。
3. 本图为典型雨水利用公路系统示意图，仅供参考。

雨水利用屋面集流系统图(YSJL02)

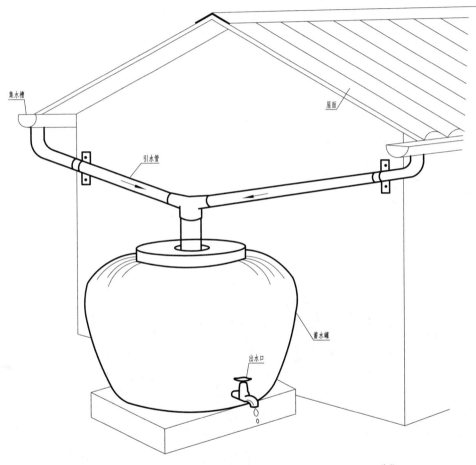

集水槽

屋面

引水管

蓄水罐

出水口

说明:
1. 雨水利用屋面集流系统是针对降雨量较少的干旱地区,在有降雨时利用屋面沟槽汇流至储水装置,用于解决干旱期间牲畜饮水及居民生活用水的装置.
2. 本图为典型雨水利用屋面集流系统图,仅供参考.

湖南省农村小型水利工程典型设计图集 雨水集蓄工程分册		
图名	雨水利用屋面集流系统图	图号 YSJX-XT-03

雨水利用公路山地复合集流系统图(YSJL03)

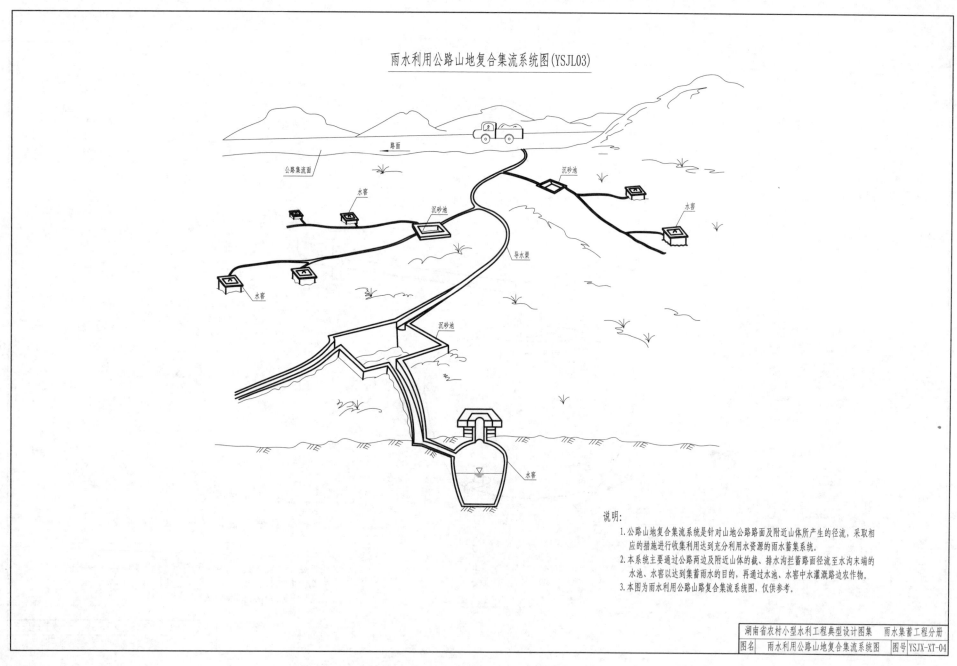

路面

公路集流面

水窖

沉砂池

沉砂池

水窖

水窖

导水渠

沉砂池

水窖

说明:
1. 公路山地复合集流系统是针对山地公路路面及附近山体所产生的径流,采取相应的措施进行收集利用达到充分利用水资源的雨水蓄集系统。
2. 本系统主要通过公路两边及附近山体的截、排水沟拦蓄路面径流至水沟末端的水池、水窖以达到集蓄雨水的目的,再通过水池、水窖中水灌溉路边农作物。
3. 本图为雨水利用公路山路复合集流系统图,仅供参考。

湖南省农村小型水利工程典型设计图集 雨水集蓄工程分册

| 图名 | 雨水利用公路山地复合集流系统图 | 图号 | YSJX-XT-04 |

雨水利用山坡集流系统图(YSJL04)

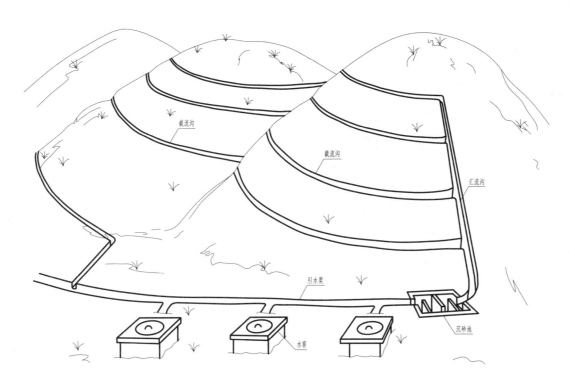

截流沟

截流沟

汇流沟

引水渠

沉砂池

水窖

说明:
1. 雨水利用山坡集流系统是针坡耕地及种植经济作物的山包所产生的径流,采取相应的措施进行收集利用达到充分利用水资源及减少坡地水土流失的雨水蓄集系统。
2. 本系统主要通过山坡上横向的截流沟拦蓄坡面径流再经纵向的汇流沟将径流汇集至水沟末端的水池、水窖以达到集蓄雨水的目的,最终通过水池、水窖中水灌溉周围农作物。
3. 本图为雨水利用山坡集流系统图,仅供参考。

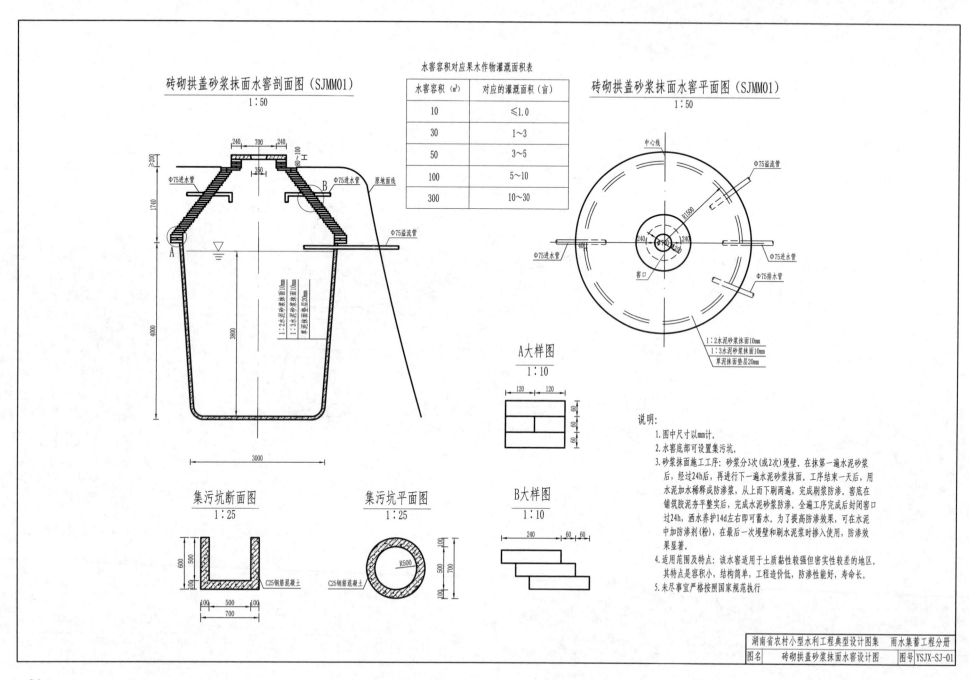

砖砌拱盖砂浆抹面水窖剖面图（SJMM01）
1：50

水窖容积对应果木作物灌溉面积表

水窖容积（m³）	对应的灌溉面积（亩）
10	≤1.0
30	1～3
50	3～5
100	5～10
300	10～30

砖砌拱盖砂浆抹面水窖平面图（SJMM01）
1：50

A大样图
1：10

集污坑断面图
1：25

集污坑平面图
1：25

B大样图
1：10

说明：
1. 图中尺寸以mm计。
2. 水窖底部可设置集污坑。
3. 砂浆抹面施工工序：砂浆分3次（或2次）堰壁。在抹第一遍水泥砂浆后，经过24h后，再进行下一遍水泥砂浆抹面。工序结束一天后，用水泥加水稀释成防渗浆，从上面下刷两遍，完成刷浆防渗。窖底在铺筑胶泥夯实整平后，完成水泥砂浆防渗。全遍工序完成后封闭窖口过24h，洒水养护14d左右即可蓄水。为了提高防渗效果，可在水泥中加防渗剂（粉），在最后一次堰壁和刷水泥浆时掺入使用，防渗效果显著。
4. 适用范围及特点：该水窖适用于土质黏性较强但密实性较差的地区。其特点是容积小，结构简单，工程造价低，防渗性能好，寿命长。
5. 未尽事宜严格按照国家规范执行

混凝土顶盖砂浆抹面水窖剖面图（SJMM02）
1：50

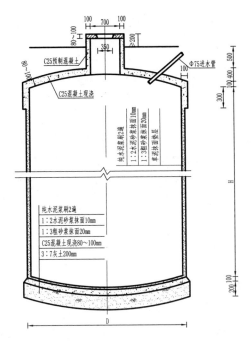

混凝土顶盖砂浆抹面水窖平面图（SJMM02）
1：50

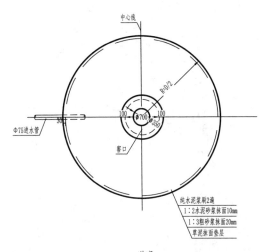

水窖容积对应果木作物灌溉面积表

水窖容积（m³）	对应的灌溉面积（亩）
10	≤1.0
30	1～3
50	3～5
100	5～10
300	10～30

说明：

1. 图中尺寸以mm计。

2. 混凝土顶盖施工工序：施工时，可先开挖水窖部分窖体，布设码眼，进行水泥砂浆防渗，待窖顶下窖筒竣工后，再进行混凝土顶拱施工。即先建好脚手架，在窖壁上缘做内倾式混凝土裙边，安装模板，清除窖顶浮土，洒水湿润，墁一层水泥砂浆后即可浇筑C25混凝土。当拱顶土质较差时，可以设置一定数量的拱柱，以提高混凝土顶拱强度。

3. 适用范围及特点：该水窖适用于土质黏性较强但密实性较差的地区。其特点是容积小，结构简单，工程造价低，防渗性能好，寿命长。

4. 未尽事宜严格按照国家规范执行。

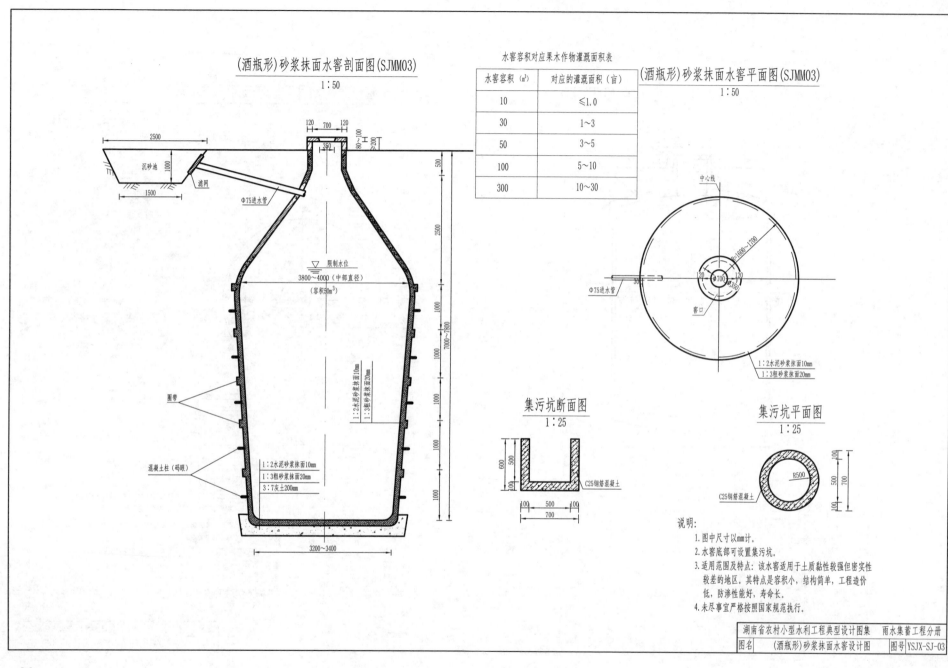

(酒瓶形)砂浆抹面水窖剖面图(SJMM03)
1:50

水窖容积对应果木作物灌溉面积表

水窖容积（m³）	对应的灌溉面积（亩）
10	≤1.0
30	1～3
50	3～5
100	5～10
300	10～30

(酒瓶形)砂浆抹面水窖平面图(SJMM03)
1:50

集污坑断面图
1:25

集污坑平面图
1:25

说明：
1.图中尺寸以mm计。
2.水窖底部可设置集污坑。
3.适用范围及特点：该水窖适用于土质黏性较强但密实性
　较差的地区。其特点是容积小，结构简单，工程造价
　低，防渗性能好，寿命长。
4.未尽事宜严格按照国家规范执行。

湖南省农村小型水利工程典型设计图集　雨水集蓄工程分册

图名	(酒瓶形)砂浆抹面水窖设计图	图号	YSJX-SJ-03

86

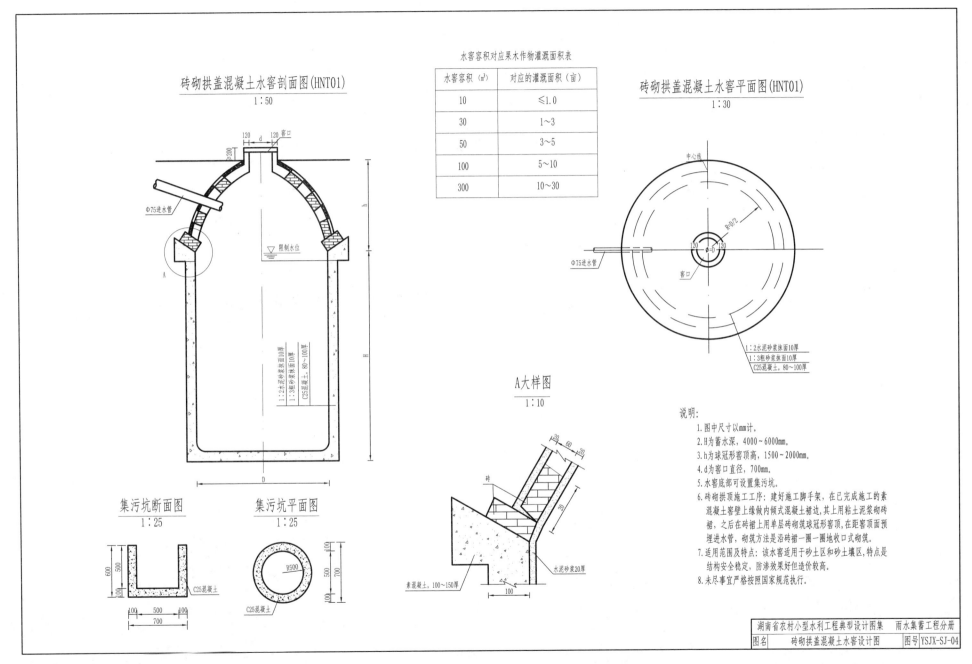

水窖容积对应果木作物灌溉面积表

水窖容积（m³）	对应的灌溉面积（亩）
10	≤1.0
30	1~3
50	3~5
100	5~10
300	10~30

砖砌拱盖混凝土水窖剖面图(HNT01)
1:50

砖砌拱盖混凝土水窖平面图(HNT01)
1:30

Φ75进水管

限制水位

1:2水泥砂浆抹面10厚
1:3粗砂浆抹面10厚
C25混凝土，80~100厚

中心线
R=D/2
Φ=D
窖口
Φ75进水管

1:2水泥砂浆抹面10厚
1:3粗砂浆抹面10厚
C25混凝土，80~100厚

A大样图
1:10

砖
水泥砂浆20厚
素混凝土，100~150厚

集污坑断面图
1:25

集污坑平面图
1:25

C25混凝土

R500
C25混凝土

说明:
1. 图中尺寸以mm计。
2. H为蓄水深，4000~6000mm。
3. h为球冠形窖顶高，1500~2000mm。
4. d为窖口直径，700mm。
5. 水窖底部可设置集污坑。
6. 砖砌拱顶施工工序：建好施工脚手架，在已完成施工的素混凝土窖壁上缘做内倾式混凝土裙边,其上用粘土泥浆砌砖裙,之后在砖裙上用单层砖砌筑球形窖顶,在距窖顶面预埋进水管,砌筑方法是沿砖裙一圈一圈地收口式砌筑。
7. 适用范围及特点：该水窖适用于砂土区和砂土壤区,特点是结构安全稳定,防渗效果好但但造价较高。
8. 未尽事宜严格按照国家规范执行。

(鸭蛋形)混凝土水窖剖面图(HNT02)
1:30

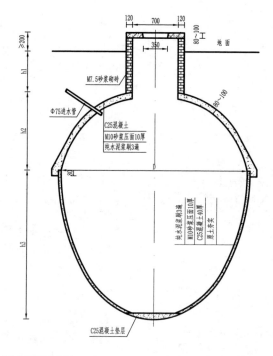

M7.5砂浆砌砖

Φ75进水管

C25混凝土
M10砂浆压面10厚
纯水泥浆刷3遍

纯水泥浆刷3遍
M10砂浆压面10厚
C25混凝土40厚
原土夯实

C25混凝土垫层

地 面

(鸭蛋形)混凝土水窖平面图(HNT02)
1:30

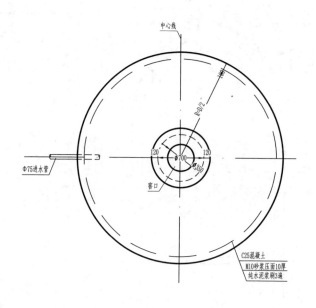

中心线

Φ75进水管

窖口

C25混凝土
M10砂浆压面10厚
纯水泥浆刷3遍

水窖容积对应果木作物灌溉面积表

水窖容积（m³）	对应的灌溉面积（亩）
10	≤1.0
30	1~3
50	3~5
100	5~10
300	10~30

说明：
1. 图中尺寸以mm计。
2. D为窖筒直径，3000~4000mm。
3. h1为窖劲长度，1000~1500mm。
4. h2为上拱高度，1500~2500mm。
5. h3为球冠窖顶高，2500~3500mm。
6. 适用范围及特点：该水窖适用于砂土区和砂土壤区，特点是结构安全稳定，防渗效果好但造价较高。
7. 未尽事宜严格按照国家规范执行。

湖南省农村小型水利工程典型设计图集　雨水集蓄工程分册

图名	(鸭蛋形)混凝土水窖设计图	图号	YSJX-SJ-05

(平底圆柱形)混凝土水窖剖面图(HNT03)
1:50

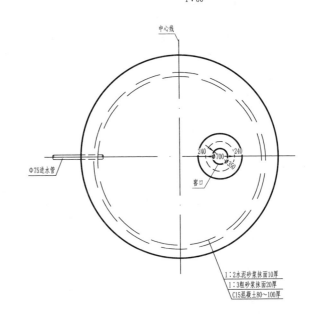

(平底圆柱形)混凝土水窖平面图(HNT03)
1:50

拦污栅
沉砂池
Φ75进水管
C25钢筋混凝土100厚
C25钢筋混凝土横梁
240 700 240
350
80~100
500~1000 窖颈
≥200
H

1:2水泥砂浆抹面10厚
1:3粗砂浆抹面20厚
C25混凝土80~100厚

1:2水泥砂浆抹面10厚
1:3粗砂浆抹面20厚
C25混凝土80~100厚
3:7灰土200厚

中心线
Φ75进水管
240 700 240
350
窖口

1:2水泥砂浆抹面10厚
1:3粗砂浆抹面20厚
C15混凝土80~100厚

集污坑断面图
1:25

600
500
100
100 500 100
700
C25混凝土

集污坑平面图
1:25

R500
100
500
100
700
C25混凝土

水窖容积对应果木作物灌溉面积表

水窖容积（m³）	对应的灌溉面积（亩）
10	≤1.0
30	1~3
50	3~5
100	5~10
300	10~30

说明:
1. 图中尺寸以mm计。
2. 窖径D、窖深H根据规划容积计算确定。
3. 水窖底部可设置集污坑。
4. 适用范围：该水窖适用于砂土区和砂土壤区,特点是
   结构安全稳定,防渗效果好但造价较高。
5. 未尽事宜宜严格按照国家规范执行。

(拱底圆柱形)混凝土水窖剖面图(HNT04)
1：50

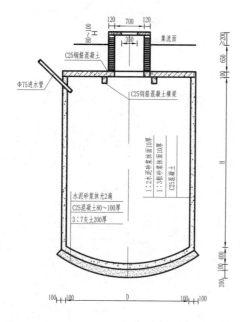

(拱底圆柱形)混凝土水窖平面图(HNT04)
1：50

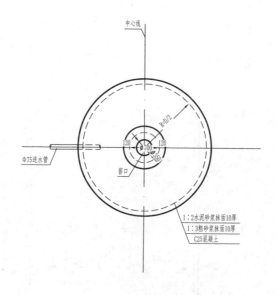

水窖容积对应果木作物灌溉面积表

水窖容积（m³）	对应的灌溉面积（亩）
10	≤1.0
30	1～3
50	3～5
100	5～10
300	10～30

说明：

1. 图中尺寸以mm计。

2. 窖径D、窖深H根据规划容积计算确定。

3. 窖底混凝土浇筑施工工序：窖体开挖后，在窖坯体底部洒水湿润，在窖底平铺一层塑料薄膜，主要起保护混凝土水分和防渗作用，素混凝土平铺，捣固后210min进行窖壁浇筑。

4. 窖壁混凝土浇筑施工工序：采取分层支架模板、现场连续浇筑施工。窖壁浇筑时，沿窖壁浇筑区分层装订好塑料薄膜，高度为浇筑分层高加0.1的超高，支架好分层圆柱形钢模板，其外径即设计的窖内径坯体直径，钢模板为组装体，即进行素混凝土浇筑，捣固结束210min内，即可重复以上工序进行第二层的施工，直到完成整个窖壁的连续浇筑。

5. 适用范围及特点：该水窖适用于砂土区和砂土壤区。特点是结构安全稳定，防渗效果好但造价较高。

6. 未尽事宜严格按照国家规范执行。

湖南省农村小型水利工程典型设计图集 雨水集蓄工程分册

图名	(拱底圆柱形)混凝土水窖设计图	图号	YSJX-SJ-07

（球形）混凝土水窖剖面图(HNT05)
1:30

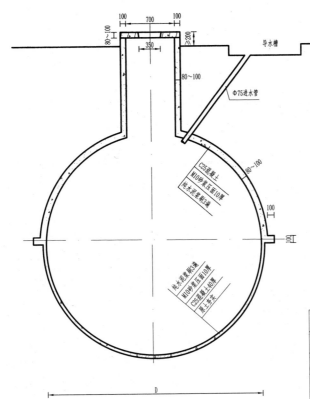

（球形）混凝土水窖平面图(HNT05)
1:30

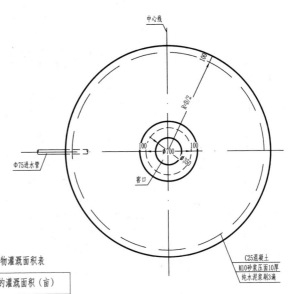

水窖容积对应果木作物灌溉面积表

水窖容积（m³）	对应的灌溉面积（亩）
10	≤1.0
30	1~3
50	3~5
100	5~10
300	10~30

说明:
1. 图中尺寸以mm计。
2. 适用范围及特点: 该水窖适用于砂土区和砂土壤区。特点是结构安全稳定, 防渗效果好但造价较高。
3. 未尽事宜严格按照国家规范执行。

（半球形）预制混凝土水窖剖面图(HNT06)
1：30

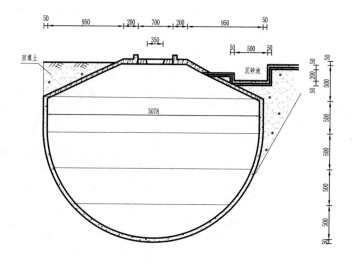

（半球形）预制混凝土水窖平面图(HNT06)
1：30

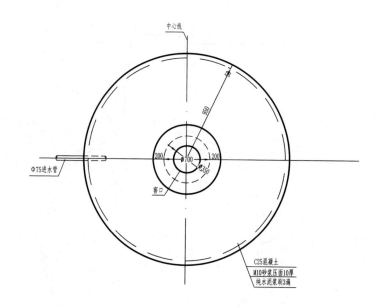

水窖容积对应果木作物灌溉面积表

水窖容积（m³）	对应的灌溉面积（亩）
10	≤1.0
30	1～3
50	3～5
100	5～10
300	10～30

说明：
1. 图中尺寸以mm计。
2. 适用范围及特点：该水窖适用于砂土区和砂土壤区，特点是结构安全稳定，防渗效果好但造价较高。
3. 未尽事宜严格按照国家规范执行。

湖南省农村小型水利工程典型设计图集　雨水集蓄工程分册

图名	（半球形）预制混凝土水窖设计图	图号	YSJX-SJ-09

I－I剖面图
1:100

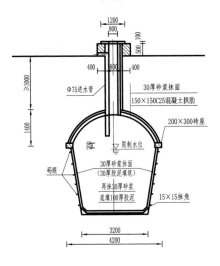

柜形砖拱红胶泥防渗水窖平面图(HJN01)
1:100

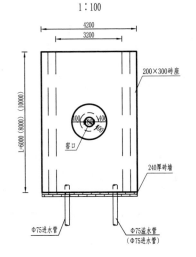

柜形砖拱红胶泥防渗水窖剖面图(HJN01)
1:100

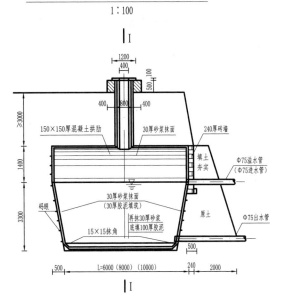

水窖容积对应果木作物灌溉面积表

水窖容积（m³）	对应的灌溉面积（亩）
10	≤1.0
30	1～3
50	3～5
100	5～10
300	10～30

说明：
1. 图中尺寸以mm计。
2. 红胶泥码眼按梅花形布设，间距250～300mm。
3. 红胶泥防渗施工工序：窖体按尺寸开挖后，防渗处理前要清除窖壁浮土，并洒水润湿。将红胶泥打碎、过滤、浸泡、翻拌、锤剁成面团状后，制成胶泥钉和胶泥饼，将胶泥钉钉入码眼，然后将胶泥饼用力摔倒胶泥钉上，使之连成一层，并逐步压成窖体形状，表面坚实光滑为止。窖底防渗是最重要的一环，要严格把控施工质量。处理窖底前先将窖底原状土轻轻夯实，以防止底部发生不均匀沉陷。窖底红胶泥要夯实整平，并使窖底和窖壁胶泥连成一整体且连接密实。
4. 适用范围：该水窖适用于距砂源较远又不产砖的边缘山区。特点是投资成本小，防渗效果较好且使用寿命长。
5. 未尽事宜严格按照国家规范执行。

湖南省农村小型水利工程典型设计图集 雨水集蓄工程分册

图名	柜形砖拱红胶泥防渗水窖设计图	图号	YSJX-SJ-10

混凝土拱盖红胶泥防渗水窖剖面图(HJN02)
1:100

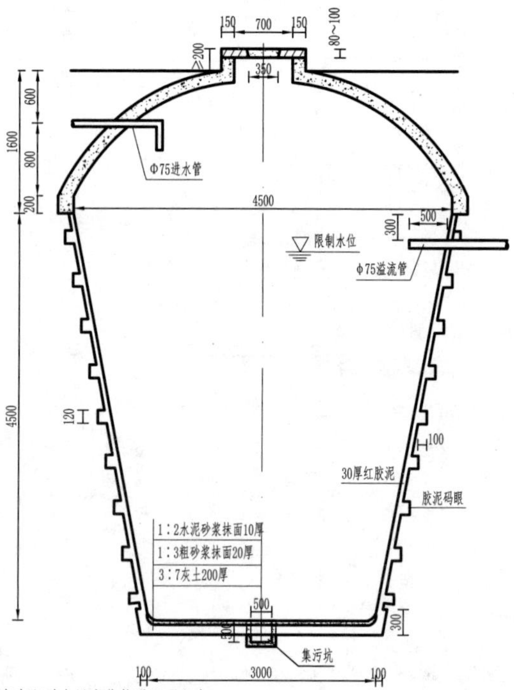

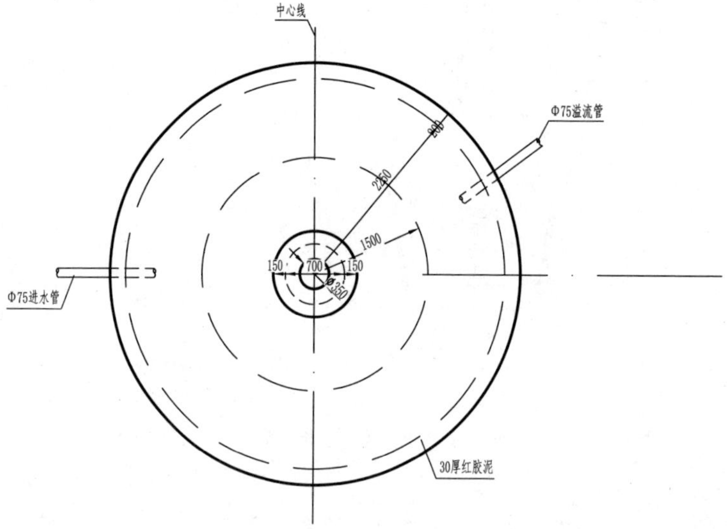

水窖容积对应果木作物灌溉面积表

水窖容积（m³）	对应的灌溉面积（亩）
10	≤1.0
30	1~3
50	3~5
100	5~10
300	10~30

混凝土拱盖红胶泥防渗水窖平面图(HJN02)
1:100

集污坑断面图
1:25

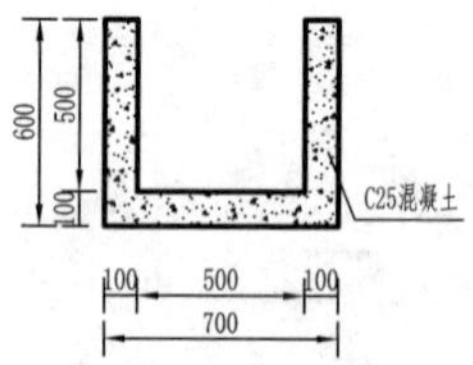

集污坑平面图
1:25

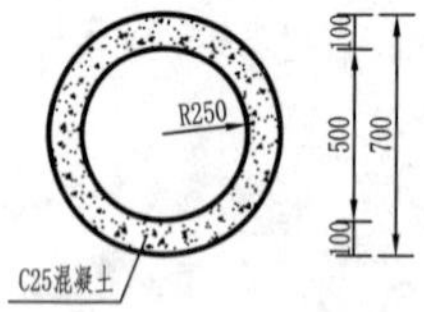

说明：
1. 图中尺寸以mm计。
2. 水窖底部可设置集污坑。
3. 适用范围及特点：该水窖适用于距砂源较远又不产砖的边缘山区，特点是投资成本小，防渗效果较好且使用寿命长。
4. 未尽事宜严格按照国家规范执行。

湖南省农村小型水利工程典型设计图集　雨水集蓄工程分册

图名	混凝土拱盖红胶泥防渗水窖设计图	图号	YSJX-SJ-11

砂浆抹面窖窖正立面图
1:50

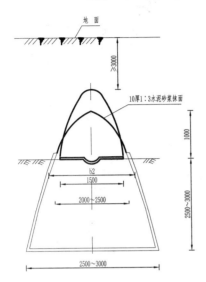

10厚1：3水泥砂浆抹面

地 面

≥3000

1000

2500～3000

b2

1500

2000～2500

2500～3000

砂浆抹面窖窖剖面图
1:50

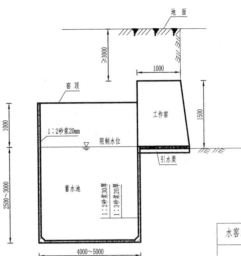

地 面

≥3000

1000

窖 顶

1500

1000

工作窖

1：2砂浆20mm

限制水位

引水果

2500～3000

蓄水池

1：2砂浆30厚
1：3砂浆20厚

4000～5000

水窖容积对应果木作物灌溉面积表

水窖容积（m³）	对应的灌溉面积（亩）
10	≤1.0
30	1～3
50	3～5
100	5～10
300	10～30

浆砌石衬砌窖窖剖面图
1:100

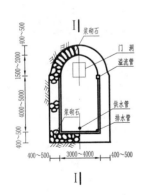

浆砌石
门 洞
溢流管
供水管
排水管
浆砌石

400～500
1500～2000
4000～5000
400～500

400～500
3000～4000
400～500

I
I

Ⅰ—Ⅰ剖面图
1:100

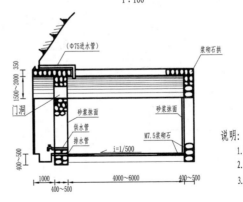

（Φ75进水管）
浆砌石拱
砂浆抹面
砂浆抹面
供水管
排水管
M7.5浆砌石
门洞
i=1/500

350
1500～2000
400～500

1000
4000～6000
400～500

400～500

说明:

1.图中尺寸以mm计。

2.砂浆抹面：先用1：3粗砂浆抹面20mm，再抹10mm1：2水泥砂浆。

3.未尽事宜严格按照国家规范执行。

湖南省农村小型水利工程典型设计图集　雨水集蓄工程分册

| 图名 | 砂浆抹面窖窖设计图 | 图号 | YSJX-SJ-12 |

砖砌拱盖塑膜防渗水窖剖面图(SM01)
1:50

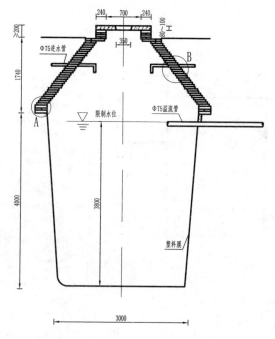

水窖容积对应果木作物灌溉面积表

水窖容积（m³）	对应的灌溉面积（亩）
10	≤1.0
30	1~3
50	3~5
100	5~10
300	10~30

砖砌拱盖塑膜防渗水窖平面图(SM01)
1:50

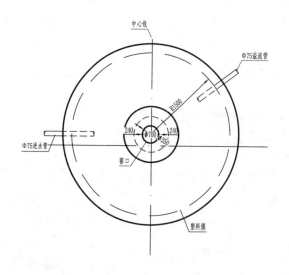

A大样图
1:10

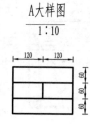

B大样图
1:10

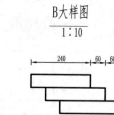

说明:

1. 图中尺寸以mm计。

2. 塑膜防渗的施工工序: 所有塑膜使用前必须持有合格证书, 施工前应在铺设基面进行清理, 避免施工时对塑膜造成损伤。铺设的时间应避免在冬天, 防止天气对施工过程造成影响。塑膜的搭接工作主要包括搭接、胶接和焊接。其中焊接工作进行前应清理塑膜表面的灰尘, 施工是应保证焊接的质量。塑膜表面应先铺设垫层, 在铺设混凝土预制板, 预制板之间用水泥砂浆勾缝填实, 保证砂浆饱满密实。

3. 适用范围及特点: 该水窖适用于地质条件不好, 难施工的地区。特点是可以有效解决水窖因裂缝而产生渗漏水问题, 且施工简单, 维修方便。

4. 未尽事宜严格按照国家规范执行。

混凝土盖板塑膜防渗水窖剖面图(SM02)
1:50

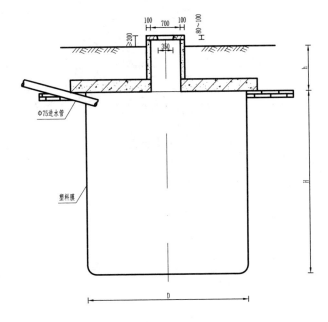

混凝土盖板塑膜防渗水窖平面图(SM02)
1:50

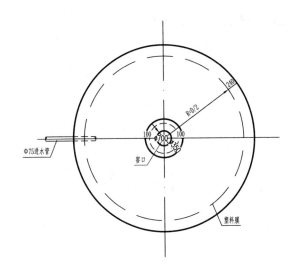

水窖容积对应果木作物灌溉面积表

水窖容积（m³）	对应的灌溉面积（亩）
10	≤1.0
30	1~3
50	3~5
100	5~10
300	10~30

说明:
1. 图中尺寸以mm计。
2. H为蓄水深，3000~3500mm。
3. h为覆土防冻层，1000~1500mm。
4. D为井筒直径，2500mm。
5. 适用范围及特点: 该水窖适用于地质条件不好，难施工的地区。特点是可以有效解决水窖因裂缝而产生渗漏水问题，且施工简单，维修方便。
6. 未尽事宜严格按照国家规范执行。

(圆柱形)混凝土水窖剖面图(HNT07)
1:50

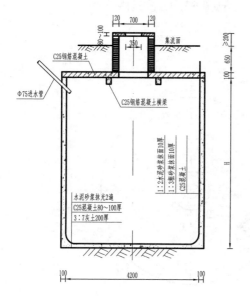

圆形水窖混凝土盖板钢筋图(HNT07)
1:50

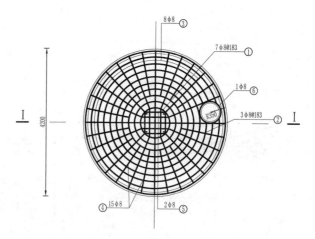

Ⅰ－Ⅰ剖面图
1:50

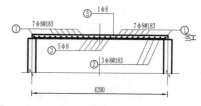

钢筋及材料表

编号	型式	直径(mm)	根数	单根长度(cm)	总长(m)	重量(kg)	备注
1		φ8	7	278~1313	47.00	18.6	
2		φ8	3	924~1154	30.85	12.2	
3		φ8	8	397~422	32.77	12.9	
4		φ8	15	134	20.10	7.9	
5		φ8	2	67	1.34	0.5	
6		φ8	1	235	235	0.9	
合 计						53.1	

水窖容积对应果木作物灌溉面积表

水窖容积(m³)	对应的灌溉面积(亩)
10	≤1.0
30	1~3
50	3~5
100	5~10
300	10~30

说明:
1. 图中尺寸以mm计。
2. 材料:混凝土C25,保护层厚度20mm。
3. 钢筋HPB235[φ]级,钢筋一端的弯钩长度6.25d。
4. ②号环向钢筋在进入孔位置截断,用弯钩与⑥号有效连接。
5. 适用范围:该水窖适用于砂土区和砂土壤区,特点是结构安全稳定,防渗效果好但造价较高。
6. 未尽事宜严格按照国家规范执行。

湖南省农村小型水利工程典型设计图集 雨水集蓄工程分册

图名	(圆柱形)混凝土水窖盖板钢筋图	图号	YSJX-SJ-15

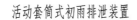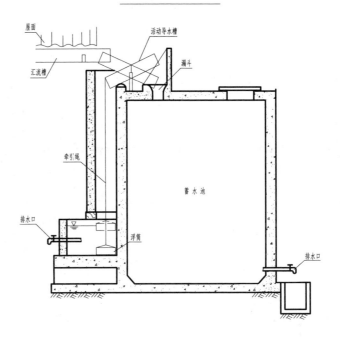

活动套筒式初雨排泄装置

浮筒式初雨排泄装置

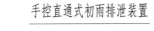

手控直通式初雨排泄装置

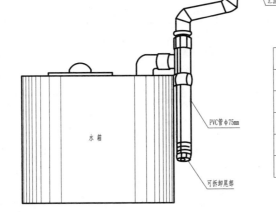

水窖容积对应果木作物灌溉面积表

水窖容积（m³）	对应的灌溉面积（亩）
10	≤1.0
30	1～3
50	3～5
100	5～10
300	10～30

说明：
1. 活动套筒式初雨排泄装置，靠人工摇动活动套筒，将初雨排泄在储水罐之外。
2. 手控直通式初雨排泄装置，靠人工打开泄水尾管，将初雨排泄在水箱之外。
3. 浮筒式初雨排泄装置，靠浮筒自动将初雨排泄在蓄水池之外的初雨集水池中，待集水池水位达到设计值，浮筒升起自动变换活动导水槽位置，将雨水导入蓄水池。
4. 未尽事宜严格按照国家规范执行。

矩形浆砌石蓄水池剖面图
1:100

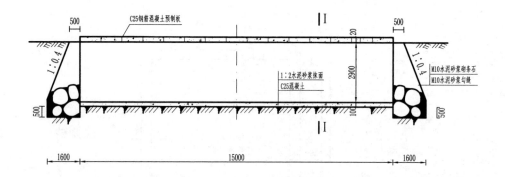

I－I 剖面图
1:100

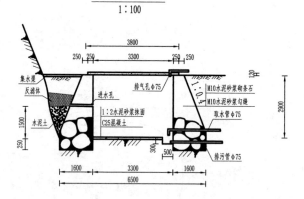

圆形浆砌石蓄水池剖面图
1:50

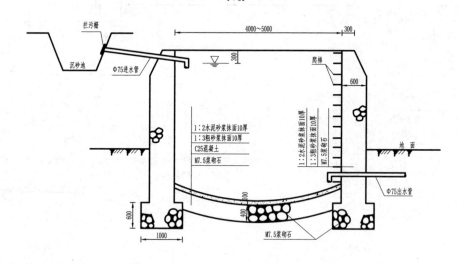

说明:
1. 图中尺寸以mm计。
2. 出于对附近居民安全问题考虑,本蓄水池不设进出洞口。
3. 未尽事宜严格按照国家规范执行。

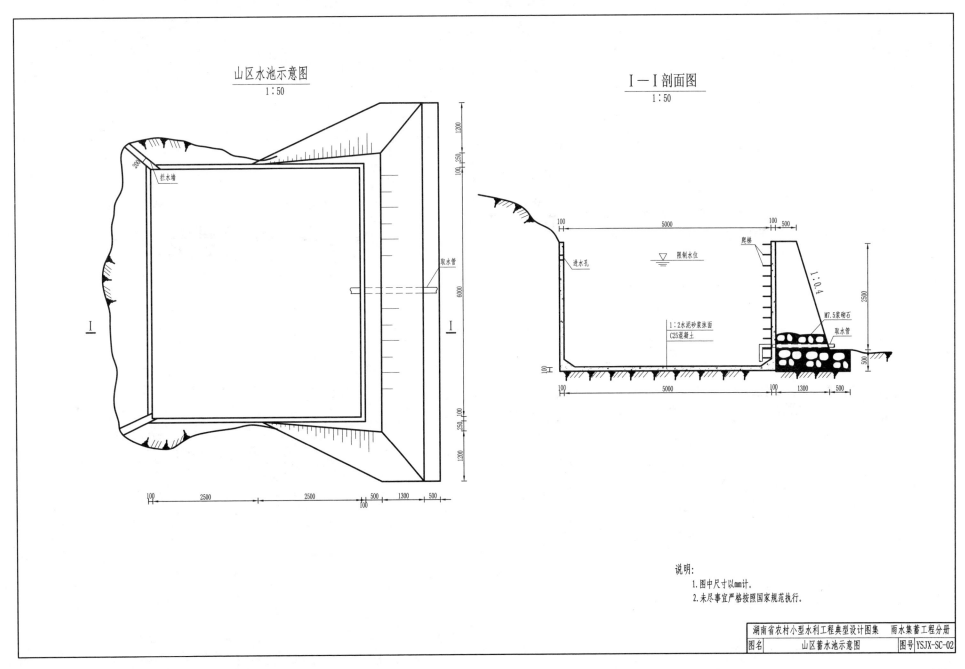

山区水池示意图
1：50

栏水墙

取水管

I

100 2500 2500 500 1300 500
100

I—I 剖面图
1：50

100 5000 100 500

限制水位

爬梯

进水孔

1：0.4

M7.5浆砌石

1：2水泥砂浆抹面
C25混凝土

取水管

100 5000 100 1300 500

说明:
1.图中尺寸以mm计。
2.未尽事宜严格按照国家规范执行。

湖南省农村小型水利工程典型设计图集　雨水集蓄工程分册		
图名	山区蓄水池示意图	图号 YSJX-SC-02

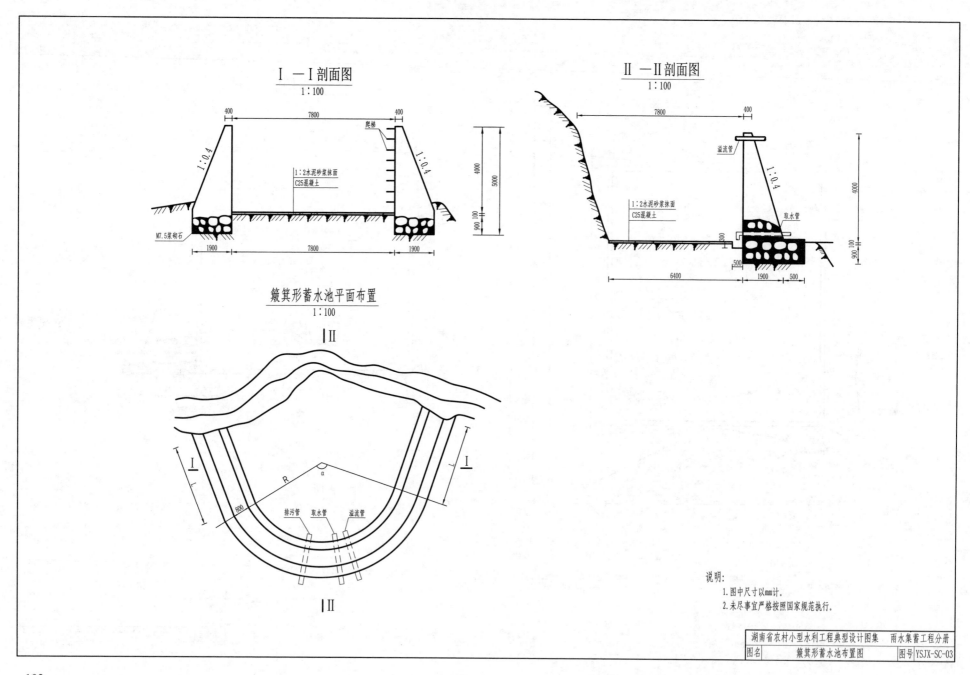

I—I剖面图
1:100

400　7800　400

爬梯

1:0.4　　　1:0.4

1:2水泥砂浆抹面
C25混凝土

4000
5000
900 100

M7.5浆砌石

1900　7800　1900

II—II剖面图
1:100

7800　400

溢流管

1:0.4

1:2水泥砂浆抹面
C25混凝土

取水管

4000
900 100

300
500　1900　500

6400

簸箕形蓄水池平面布置
1:100

II

I—I

R　α

800

排污管　取水管　溢流管

II

说明:
1. 图中尺寸以mm计.
2. 未尽事宜严格按照国家规范执行.

湖南省农村小型水利工程典型设计图集　雨水集蓄工程分册

| 图名 | 簸箕形蓄水池布置图 | 图号 | YSJX-SC-03 |

50～500m³蓄水池平面图
1：50

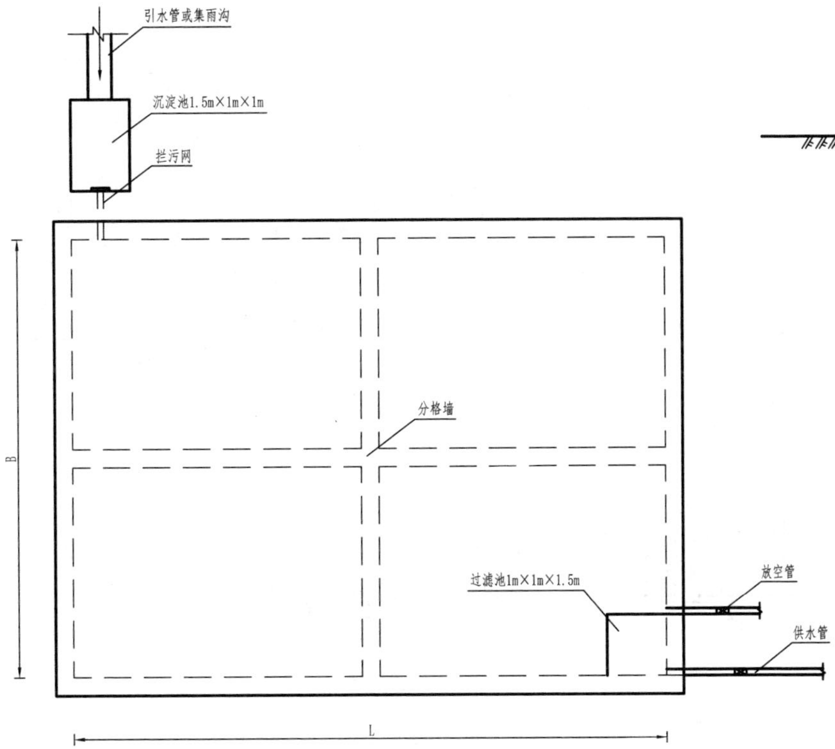

引水管或集雨沟

沉淀池1.5m×1m×1m

拦污网

分格墙

过滤池1m×1m×1.5m

放空管

供水管

B

L

50～500m³蓄水池横剖面图
1：50

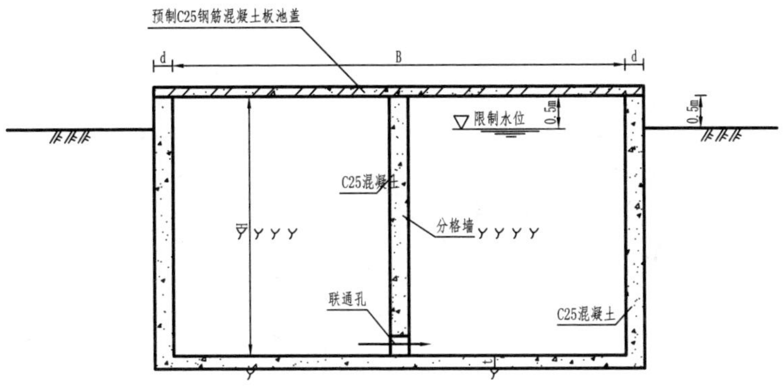

预制C25钢筋混凝土板池盖

B

d

d

限制水位

C25混凝土

分格墙

联通孔

C25混凝土

蓄水池容积、结构尺寸参数表　单位：m

序号	容积（m³）	L	B	H	d	t
1	50	6	3.9	2.5	0.25	0.15
2	100	8	6	2.5	0.25	0.15
3	200	10	7.8	3	0.25	0.15
4	300	12	9.9	3	0.3	0.2
5	400	13	9.9	3.5	0.3	0.2
6	500	15	10.8	3.5	0.3	0.2

说明：
1. 图中尺寸以mm计。
2. 本图蓄水池适用于砂岩和灰岩地基。
3. 蓄水池进水方向和出水方向可根据实际调整。过滤池为普通快滤池，用0.5～35mm粒径的河砂分层组成过滤层，过滤池高出蓄水池底0.25m。
4. 蓄水池的分格墙按预制盖板标准尺寸设置，池底比降1/100。
5. 加盖水池设通气孔、进人孔和爬梯。
6. 未尽事宜严格按照国家规范执行。

湖南省农村小型水利工程典型设计图集　雨水集蓄工程分册

| 图名 | 蓄水池设计图（一） | 图号 | YSJX-SC-04 |

50～500m³ 蓄水池平面图
1:50

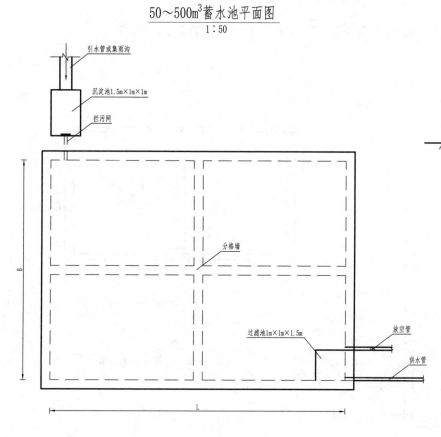

引水管或集雨沟

沉淀池1.5m×1m×1m

拦污网

分格墙

过滤池1m×1m×1.5m

放空管

供水管

B

L

50～500m³ 蓄水池横剖面图
1:50

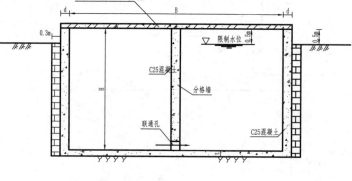

预制C25钢筋混凝土板池盖

限制水位

C25混凝土

分格墙

联通孔

C25混凝土

d

B

d

0.3m

H

蓄水池容积、结构尺寸参数表　单位：m

序号	容积（m³）	L	B	H	d	t
1	50	6	3.9	2.5	0.25	0.15
2	100	8	6	2.5	0.25	0.15
3	200	10	7.8	3	0.25	0.15
4	300	12	9.9	3	0.3	0.2
5	400	13	9.9	3.5	0.3	0.2
6	500	15	10.8	3.5	0.3	0.2

说明：
1. 图中尺寸以mm计。
2. 本图蓄水池适用于泥岩、页岩地基。
3. 蓄水池进水方向和出水方向可根据实际调整。过滤池为普通快滤池，用0.5～35mm粒径
　　的河砂分层组成过滤层，过滤池高出蓄水池底0.25m。
4. 蓄水池的分格墙按预制盖板标准尺寸设置，池底比降1/100。
5. 加盖水池设通气孔、进人孔和爬梯。
6. 未尽事宜严格按照国家规范执行。

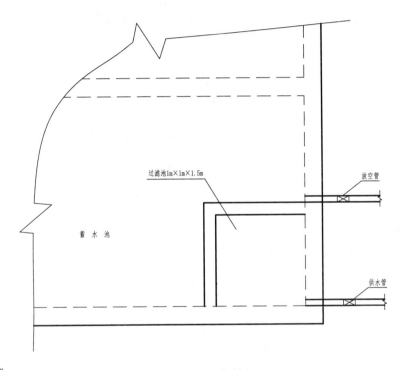

普通快滤池平面图
1:20

蓄水池

过滤池1m×1m×1.5m

放空管

供水管

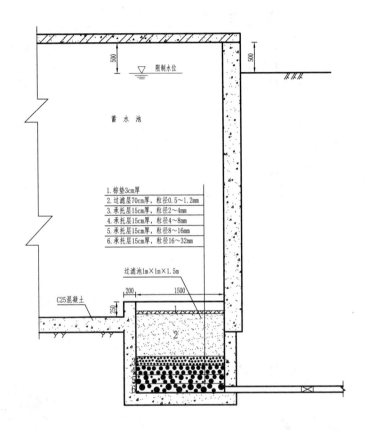

普通快滤池剖面图
1:50

500

限制水位

500

蓄水池

1. 棕垫3cm厚
2. 过滤层70cm厚，粒径0.5～1.2mm
3. 承托层15cm厚，粒径2～4mm
4. 承托层15cm厚，粒径4～8mm
5. 承托层15cm厚，粒径8～16mm
6. 承托层15cm厚，粒径16～32mm

过滤池1m×1m×1.5m

C25混凝土

250

200   1500

说明：
1. 图中尺寸以mm计。
2. 过滤池布置在蓄水池出水方向一角，嵌入蓄水池底1.25m深，用C20混凝土衬砌20cm厚。过滤池为普通快滤池，其面积计算公式：$F = Q/TV_s$（m^2）式中 Q——设计流量（m^3/d）；T——每日实际工作时间h；V_s——滤速m/h，采用8～10m/h，按此公式计算的过滤池面积较小，实际采用的要大几倍，过滤效果要好一些。每层滤料之间用塑料滤网隔开。
3. 未尽事宜严格按照国家规范执行。

湖南省农村小型水利工程典型设计图集　雨水集蓄工程分册

图名	过滤池设计图	图号	YSJX-SC-06

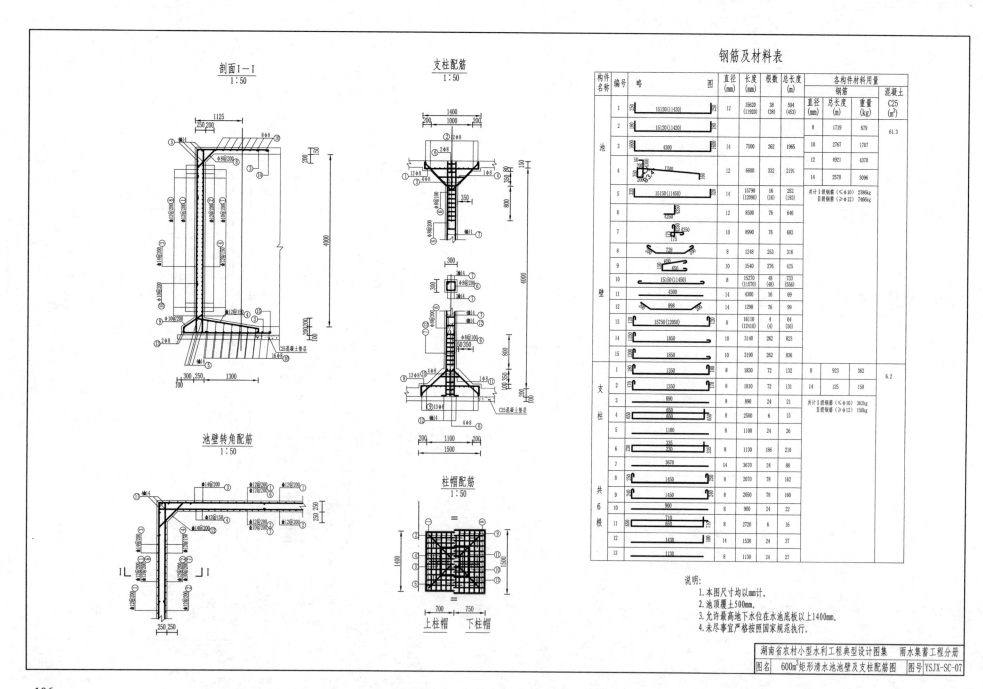

钢筋及材料表

构件名称	编号	略图	直径(mm)	长度(mm)	根数	总长度(m)	各构件材料用量			混凝土
							钢筋			C25(m³)
							直径(mm)	总长度(m)	重量(kg)	
池壁	1		12	15620(11920)	38(38)	594(453)	8	1719	679	61.3
	2			15120(11420)			10	2767	1707	
	3		14	7500	262	1965	12	4921	4370	
	4		12	6600	332	2191	14	2578	3096	
	5		14	15790(12090)	16(16)	252(193)	共计 I 级钢筋(≤φ10) 2386kg II级钢筋(≥φ12) 7466kg			
	6		12	8500	76	646				
	7		10	8990	76	683				
	8		8	1248	253	316				
	9		10	1540	276	425				
	10		8	15270(11570)	48(48)	733(556)				
	11		14	4300	16	69				
	12		14	1298	76	99				
	13		8	16110(12410)	4(4)	64(50)				
	14		10	3140	262	823				
	15		10	3190	262	836				
支柱共6根	1		8	1830	72	132	8	923	362	6.2
	2		8	1810	72	131	14	125	150	
	3		8	890	24	21	共计 I 级钢筋(≤φ10) 362kg II级钢筋(≥φ12) 150kg			
	4		8	2500	6	15				
	5		8	1100	24	26				
	6		8	1130	186	210				
	7		14	3670	24	88				
	8		8	2070	78	162				
	9		8	2050	78	160				
	10		8	900	24	22				
	11		8	2720	6	16				
	12		14	1530	24	37				
	13		8	1130	24	27				

剖面 I−I 1:50

支柱配筋 1:50

池壁转角配筋 1:50

柱帽配筋 1:50

上柱帽   下柱帽

说明:
1. 本图尺寸均以mm计。
2. 池顶覆土500mm。
3. 允许最高地下水位在水池底板以上1400mm。
4. 未尽事宜严格按照国家规范执行。

湖南省农村小型水利工程典型设计图集　雨水集蓄工程分册

图名 600m³矩形清水池池壁及支柱配筋图　图号 YSJX-SC-07

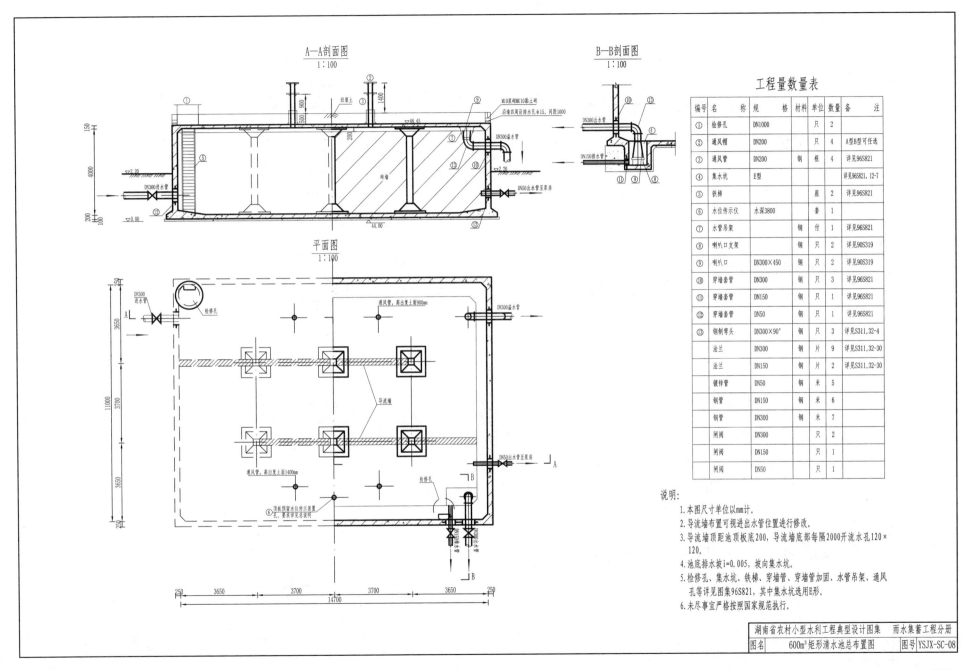

工程量数量表

编号	名 称	规 格	材料	单位	数量	备 注
①	检修孔	DN1000		只	2	
②	通风帽	DN200		只	4	A型B型可任选
③	通风管	DN200	钢	根	4	详见96S821
④	集水坑	E型				详见96S821,12-7
⑤	铁梯			座	2	详见96S821
⑥	水位传示仪	水深3800		套	1	
⑦	水管吊架		钢	付	1	详见96S821
⑧	喇叭口支架		钢	只	2	详见90S319
⑨	喇叭口	DN300×450	钢	只	2	详见90S319
⑩	穿墙套管	DN300	钢	只	3	详见96S821
⑪	穿墙套管	DN150	钢	只	1	详见96S821
⑫	穿墙套管	DN50	钢	只	1	详见96S821
⑬	钢制弯头	DN300×90°	钢	只	3	详见S311,32-4
	法兰	DN300	钢	片	9	详见S311,32-30
	法兰	DN150	钢	片	2	详见S311,32-30
	镀锌管	DN50	钢	米	5	
	钢管	DN150	钢	米	6	
	钢管	DN300	钢	米	7	
	闸阀	DN300		只	2	
	闸阀	DN150		只	1	
	闸阀	DN50		只	1	

说明:
1. 本图尺寸单位以mm计。
2. 导流墙布置可视进出水管位置进行修改。
3. 导流墙顶距池顶板底200,导流墙底部每隔2000开流水孔120×120。
4. 池底排水坡i=0.005,坡向集水坑。
5. 检修孔、集水坑、铁梯、穿墙管、穿墙管加固、水管吊架、通风孔等详见图集96S821,其中集水坑选用E形。
6. 未尽事宜严格按照国家规范执行。

湖南省农村小型水利工程典型设计图集 雨水集蓄工程分册

| 图名 | 600m³矩形清水池总布置图 | 图号 | YSJX-SC-08 |

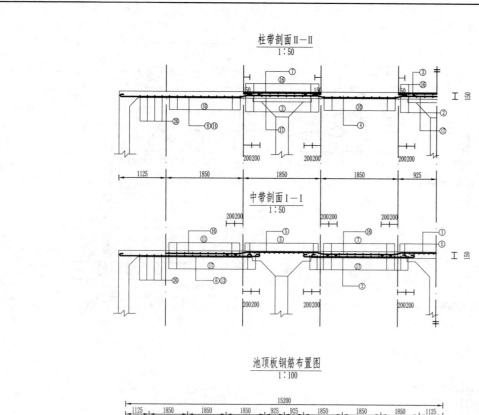

柱带剖面 II—II
1:50

中带剖面 I—I
1:50

池顶板钢筋布置图
1:100

钢筋值

编号	钢筋根数与直径
①	16φ8
②	10φ8
③	10φ8
④	10φ8
⑤	16φ8
⑥	5φ8
⑦	10φ8
⑧	5φ8
⑨	10φ8
⑩	10φ8
⑪	10φ8
⑫	5φ8
⑬	5φ8
⑭	5φ8
⑮	5φ8
⑯	10φ8
⑰	12φ8/14φ8
⑱	10φ8
⑲	5φ8
⑳	5φ8
㉑	6φ8
㉒	5φ8
㉓	5φ8
㉔	10φ8
㉕	5φ8
㉖	4φ8
㉗	4φ8

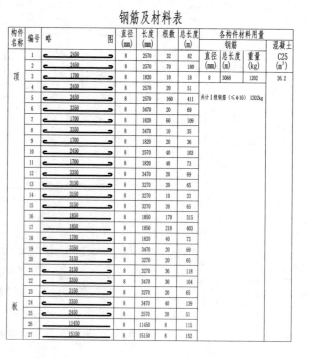

钢筋及材料表

构件名称	编号	略图	直径(mm)	长度(mm)	根数	总长度(m)	钢筋 直径(mm)	钢筋 总长度(m)	钢筋 重量(kg)	混凝土 C25(m³)
顶	1	2450	8	2570	32	82				
	2	2450	8	2570	70	180				
	3	1700	8	1820	10	18	8	3068	1202	26.2
	4	2450	8	2570	20	51				
	5	2450	8	2570	160	411	共计I级钢筋(≤φ10) 1202kg			
板	6	3350	8	3470	20	69				
	7	1700	8	1820	60	109				
	8	3350	8	3470	10	35				
	9	1700	8	1820	20	36				
	10	2450	8	2570	40	103				
	11	1700	8	1820	40	73				
	12	3350	8	3470	20	69				
	13	3150	8	3270	20	65				
	14	3150	8	3270	10	33				
	15	3150	8	3270	20	65				
	16	1850	8	1850	170	315				
	17	1850	8	1850	218	403				
	18	1700	8	1820	40	73				
	19	3350	8	3470	20	69				
	20	3150	8	3270	20	65				
	21	3150	8	3270	36	118				
	22	3350	8	3470	30	104				
	23	3150	8	3270	20	65				
	24	3350	8	3470	40	139				
	25	2450	8	2570	20	51				
	26	11450	8	11450	8	115				
	27	15150	8	15150	8	152				

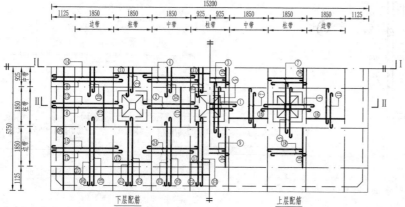

下层配筋

上层配筋

说明:
1.本图尺寸均以mm计。
2.池顶覆土500mm。
3.允许最高地下水位在水池底板以上1400mm。
4.钢筋在板带内均匀分布。
5.未尽事宜严格按照国家规范执行。

湖南省农村小型水利工程典型设计图集 雨水集蓄工程分册	
图名 600m³矩形清水池顶板配筋图	图号 YSJX-SC-09

柱带剖面 II－II
1:50

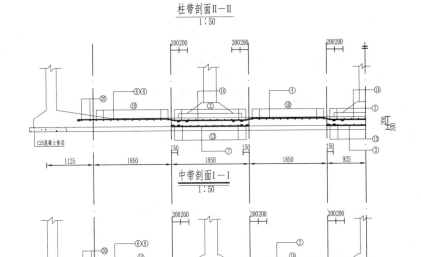

中带剖面 I－I
1:50

池底板钢筋布置图
1:100

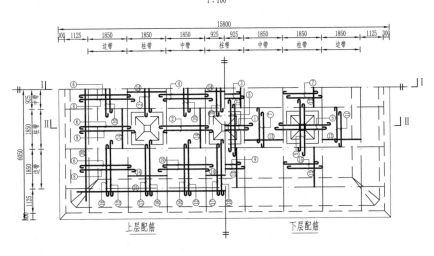

上层配筋　　　下层配筋

钢筋值

编号	钢筋根数与直径
①	16φ8
②	11φ8
③	11φ8
④	11φ8
⑤	20φ8
⑥	8φ10
⑦	11φ8
⑧	8φ10
⑨	11φ8
⑩	11φ8
⑪	11φ8
⑫	8φ10
⑬	10φ8
⑭	12φ8/14φ8
⑮	11φ8
⑯	8φ10
⑰	10φ10
⑱	9φ10
⑲	11φ8
⑳	2φ8
㉑	2φ8

钢筋及材料表

构件名称	编号	略图	直径(mm)	长度(mm)	根数	总长度(m)	各构件材料用量 钢筋 直径(mm)	各构件材料用量 钢筋 总长度(m)	各构件材料用量 钢筋 重量(kg)	各构件材料用量 混凝土 C25 (m³)
底	1	2450	8	2570	32	82	8	2255	890	38.2
	2	2450	8	2570	77	198	10	1074	663	
	3	1700	8	1820	11	20				
	4	2450	8	2570	22	57	共计I级钢筋(≤φ10) 1553kg			
	5	2450	8	2570	200	514				
	6	2450	10	2590	80	206				
	7	1700	8	1820	66	120				
	8	2650	10	2790	80	222				
	9	1700	8	1820	22	40				
板	10	2450	8	2570	44	113				
	11	1700	8	1820	44	80				
	12	2650	10	2790	64	177				
	13	1850	8	1850	170	315				
	14	1850	8	1850	218	403				
	15	1700	8	1820	44	80				
	16	2450	10	2590	64	164				
	17	2450	10	2590	60	154				
	18	2650	10	2790	54	151				
	19	2450	8	2570	44	113				
	20	10450	8	10450	4	42				
	21	14150	8	14150	4	57				

说明：
1. 本图尺寸均以mm计。
2. 池顶覆土500mm。
3. 允许最高地下水位在水池底板以上1400mm。
4. 钢筋在板带内均匀分布。
5. 未尽事宜严格按照国家规范执行。

湖南省农村小型水利工程典型设计图集　雨水集蓄工程分册
图名　600m³矩形清水池底板配筋图　图号 YSJX-SC-10